甘肃省湟水流域
水生态环境调查评估研究

GANSUSHENG HUANGSHUI LIUYU
SHUISHENGTAI HUANJING DIAOCHA PINGGU YANJIU

魏 婧 / 著

兰州大学出版社
LANZHOU UNIVERSITY PRESS

图书在版编目（CIP）数据

甘肃省湟水流域水生态环境调查评估研究 / 魏婧著.
兰州：兰州大学出版社，2024.12. -- ISBN 978-7-311-
06830-1

Ⅰ．X143

中国国家版本馆 CIP 数据核字第 2024E2J044 号

责任编辑　米宝琴
封面设计　汪如祥

书　　　名　**甘肃省湟水流域水生态环境调查评估研究**
　　　　　　GANSUSHENG HUANGSHUI LIUYU SHUISHENGTAI HUANJING DIAOCHA PINGGU YANJIU
作　　　者　**魏　婧　著**
出版发行　兰州大学出版社　（地址:兰州市天水南路222号　730000）
电　　话　0931-8912613(总编办公室)　0931-8617156(营销中心)
网　　址　http://press.lzu.edu.cn
电子信箱　press@lzu.edu.cn
印　　刷　西安日报社印务中心
开　　本　787 mm×1092 mm　1/16
成品尺寸　185 mm×260 mm
印　　张　6(插页2)
字　　数　134千
版　　次　2024年12月第1版
印　　次　2024年12月第1次印刷
书　　号　ISBN 978-7-311-06830-1
定　　价　48.00元

（图书若有破损、缺页、掉页,可随时与本社联系）

前 言

　　黄河发源于青藏高原巴颜喀拉山北麓，呈"几"字形流经青海、四川、甘肃、宁夏、内蒙古、山西、陕西、河南及山东9省（自治区），全长约5 464 km，是我国第二长河和世界第五长河。黄河流域西接昆仑、北抵阴山、南倚秦岭、东临渤海，横跨东中西部，是我国重要的生态安全屏障，也是人类活动和经济发展的重要区域，在国家发展大局和社会主义现代化建设全局中具有举足轻重的战略地位。黄河是中华民族的母亲河，党的十八大以来，以习近平同志为核心的党中央高度重视黄河流域生态保护和经济社会发展。2019年8月，习近平总书记在甘肃视察时强调，共同抓好大保护，协同推进大治理，推动黄河流域高质量发展，让黄河成为造福人民的幸福河，并要求甘肃负起责任，抓好黄河上游水土保持和污染防治工作，为黄河生态治理保护做出应有贡献。

　　湟水河是黄河上游的重要支流，也是黄河上游主要的径流补给水系，对于黄河流域水生态健康良好发展起到了至关重要的作用，是黄河水污染治理的重要组成；并且由于湟水河为甘青界河，因此，其水污染治理工作的作用更加突显。湟水河总流域面积32 863 km²，干流河道全长374 km，发源于青海省海晏县境内的包呼图山，位于青藏高原和黄土高原的交界处，地质条件复杂，与大通河组成构造独特的流域形态。湟水河流域在兰州市红古区境内长65 km，流经海石湾、红古、花庄、平安四镇，其中上段为甘青两省河界，左岸为兰州市红古区，右岸为临夏回族自治州永靖县，是兰州市重要的地表水体，也是沿线各乡镇工农业用水和居民生活用水的主要来源，对支撑流域社会经济发展、人民生活稳定具有重要作用。

　　笔者多次参与了黄河流域水生态环境保护与水污染治理工作，在工作积累的基础之上，编撰形成了《甘肃省湟水流域水生态环境调查评估研究》一书，全书共四章，第一章介绍了湟水河基本情况；第二章为湟水河红古段水环境质量调查与评估；第三章为湟水河红古段水生生物环境状况调查与评估；第四章基于第二章、第三章的评估结果，系统地提出了水生态质量改善建议和对策。

本书在编撰过程中，参考和借鉴了大量的基础资料和他人的研究成果，并且获得了多位专家的悉心指导，再次表示真挚的感谢！由于本人水平有限，本书编写过程中难免有所疏漏，不当之处敬请指正！

目　录

1 基本情况

1.1 流域基本情况

1.1.1 黄河流域

甘肃省水资源主要分属内陆河、黄河和长江3个流域，其中黄河流域地跨兰州市、白银市、天水市、武威市、平凉市、庆阳市、定西市、临夏回族自治州、甘南藏族自治州等市（州）。黄河流域分为黄河干流、洮河、湟水、渭河、泾河及北洛河5个水系，共有河流60条，年径流量大于10亿 m³ 以上的河流有7条，1亿～10亿 m³ 的河流有31条，1亿 m³ 以下的河流有22条。黄河水系的流域面积大、水利条件优越，但流域内绝大部分地区为黄土覆盖，植被稀疏，水土流失严重，河流含沙量大。

1.1.2 湟水

湟水是黄河的一级支流，发源于青海省海晏县境内的包呼图山，河源高程4 200 m，东南经湟源与日月山的哈拉呼图河汇流后始称湟水。湟水与来自大通县的北川河汇合后，至西宁又有南川河注入，在东南流经平安、乐都、民和等区县，经民和县川口镇享堂村后入兰州市红古区，从红古区海石湾左侧汇入大通河，流经甘肃省兰州市红古区和临夏回族自治州永靖县，至兰州市西固区达川河咀村小寺沟注入黄河八盘峡，入黄高程1 565 m。

湟水全长373.9 km，流域面积32 863 km²，平均比降5.3‰，集水面积2 395 km²。其在甘肃省境内长68.8 km，在红古区境内长65 km，流经海石湾、红古、花庄、平安四镇，其中上段为甘青两省界河，长31 km，下段均在甘肃境内，长37.8 km，左岸为兰州市红古区，右岸为临夏回族自治州永靖县。在红古区境内，湟水入境断面为民和桥，出境断面为湟水桥。湟水流域红古段也是《重点流域水污染防治规划（2016—2020年）》中确定的黄河流域在甘肃省境内的优先控制单元之一，其单元类型为防治退化型。

1.1.3 大通河

大通河是黄河二级支流，是湟水最大的一级支流，从窑街流入红古区，再穿过享堂峡，至海石湾注入湟水，在甘肃省境内长104 km，在红古区境内长16 km。大通河红古段是流域下游河段，以河道中泓线为界，河流东侧为红古区，河流西侧为甘肃省兰州市永登县，河床在享堂峡前为宽浅式断面，呈现为U型，具有平原游荡型河道特征，河道两岸漫滩较多，河宽为100～250 m；享堂峡谷内河流呈V形，具有山区冲积性河道特征，两岸为冲蚀形成的陡岸，基岩裸露。

1.1.4　流域涉及的县区

红古区隶属兰州市，为兰州市远郊区，东西长达53.7 km，南北最宽处为24 km，总面积为535.14 km²，东接兰州市西固区达川乡，西临大通河，南濒湟水与青海省海东市民和回族土族自治县和甘肃省临夏回族自治州永靖县隔河相望，北部黄土丘陵与永登县接壤。黄河一级支流湟水及二级支流大通河两条过境河流贯穿全境，流经境内的西部和南部，其北部川台地及黄土丘陵梁峁区发育有多条季节性洪水沟谷，是湟水的支流。

湟水红古区段以河道中泓线为界，河流北侧为红古区，河流南侧分别为青海省海东市民和回族土族自治县、甘肃省临夏回族自治州永靖县；大通河红古区段以河道中泓线为界，河流东侧为红古区，河流西侧为甘肃省兰州市永登县。

1.2　水文情况

1.2.1　径流

湟水流域内的径流主要来源于大气降水，其中以雨水补给为主，雪水补给为辅。全年可分为春汛期、夏秋洪水期、秋季平水期和冬季枯水期：5～6月为春汛期，由上游冰雪融水和降雨补给；7～9月上旬为夏秋洪水期，以大面积降水补给为主；10～12月为秋季平水期，以地下水补给和河槽储蓄量为主；次年1～4月为冬季枯水期，以地下水补给为主，水量小而稳定。

径流量的年内分配不均，每年7～9月的径流量占全年径流量的50%左右，枯水期为每年12月至来年3月，仅占全年径流量的10%左右，最小流量出现在1～3月份。

1.2.2　洪水

湟水干流大洪水一般均由大面积暴雨形成，暴雨主要是由于各地水汽、热力和动力条件以及地形的差异，致使暴雨在地理上的分布并不与降水量相一致。湟水区拉脊山东北侧和大通山南侧，由于位置偏北，西风带系统过境频繁，受盛夏季节西南气流系统影响，水汽较为充沛，同时近地层气温较高，常使大气层处于不稳定状态，促使热力对流的形成，以及冷空气顺河西走廊南下时，往往顺湟水谷倒灌等，是暴雨频次最多、强度最大的地区。湟水流域有两个暴雨中心，一个是东南面的民和、乐都一带，另一个是西北面的大通、湟源一带，全流域90%以上的暴雨发生在以上两个地区。

湟水流域由于降雨量时空特点，加之植被条件差，因而洪水过程多呈现陡涨陡落、峰高量不大、历时短的特点，最短的洪水过程历时不足1 h，暴雨洪水在时间上具有很好的相应性，大多出现在7～9月，洪峰的年际变化大。降水时间短，从起涨到落平只有十几个小时或几小时。其洪水分为春汛和夏汛，但较大洪水都发生在夏汛，一般都集中在6～9月。

1.2.3　泥沙

湟水、大通河流域上游下垫面条件较好，中、下游植被条件差，水土流失严重，河流含沙量也较大。

根据水文站资料统计分析可知，民和水文站多年平均含沙量为9.56 kg/m³，享堂水文站多年平均含沙量为1.06 kg/m³。民和和享堂水文站多年平均悬移质输沙量为1 966万t，多年平均流量为153 m³/s，多年平均含沙量为4.07 kg/m³，年侵蚀模数为0.064 5万t/km²。

1.2.4 冰情

根据大通河享堂水文站冰情资料分析可知，开始结冰时间最早为每年10月30日，最晚为每年11月25日；开始封冻时间最早为每年11月24日，最晚为每年12月28日；解冻时间最早为每年12月9日，最晚为来年3月13日；全部融冰时间最早为每年12月31日，最晚为来年4月1日；冰冻天数最长可达107 d左右，最短为9 d，最大河心冰厚为1.0 m，岸边最大冰厚为0.89 m。

根据湟水民和水文站冰情资料分析可知，开始结冰时间最早为每年10月21日，最晚为每年12月2日；全部融冰时间最早为每年12月31日，最晚为来年4月14日；最大河心冰厚为0.50 m，岸边最大冰厚为0.50 m。

2 水环境质量调查与评估

2.1 流域水环境质量调查

2.1.1 监测断面布设

2.1.1.1 布设依据

依据《地表水和污水监测技术规范》(HJ/T 91—2002),综合考虑监测断面覆盖范围、干流和支沟的代表性、污染源的分布特点以及采样的便捷性等因素,重点在汇水处上下游、水利工程影响处和行政区划交界处,设置本项目监测断面。

2.1.1.2 监测点位

本研究共开展了丰水期和枯水期两期监测,其中丰水期共设置了8个断面,枯水期设置了9个断面(由于咸水沟入湟水桥断面在丰水期无水,故未采样)。点位具体信息见表2-1。

表2-1 流域监测点位信息表

序号	涉及河流	监测点位名称	备注
1	大通河	享堂桥	省控点,红古段上游一级支流
2	湟水上游	民和桥	青-甘交界,调查水域干流上游
3	湟水干流	川海大桥浮桥	一级支流大通河汇入点下游
4	湟水支沟咸水沟	咸水沟入湟水之前	右岸支沟咸水沟汇入点
5	湟水支沟隆治沟	隆治沟入湟水之前	右岸支沟隆治沟汇入点
6	湟水干流	金星电站大坝	海石湾和红古乡交界
7	湟水干流	新庄电站大坝	红古乡和花庄镇交界
8	湟水干流	湟惠电站大坝	花庄镇和平安镇交界
9	湟水干流	湟水桥	国控点,调查水域干流下游

2.1.2 监测时间

本次监测分两期进行，其中丰水期监测时间为 2018 年 9 月 10 日至 17 日，枯水期监测时间为 2019 年 3 月 23 日至 26 日。

2.1.3 监测指标

依据《地表水环境质量标准》（GB 3838—2002）和《江河生态安全评估技术指南》，在综合考虑调查与评估目标及湟水流域（红古段）主要污染物来源的基础上，确定本次监测的指标。具体监测指标见表 2-2。

2.1.4 采样及分析方法

按照《地表水和污水监测技术规范》（HJ/T 91—2002）及《地表水环境质量标准》（GB 3838—2002）要求进行采样及分析。

表 2-2 流域监测指标一览表

序号	监测点位	监测指标
1	享堂桥	水温、pH、溶解氧、高锰酸盐指数、COD$_{cr}$、BOD$_5$、氨氮、总磷、总氮、铜、锌、氟化物、硒、砷、汞、镉、六价铬、铅、氰化物、挥发酚、石油类、阴离子表面活性剂、硫化物、粪大肠菌群、硫酸盐、氯化物、硝酸盐、铁、锰、三氯甲烷、四氯化碳、三溴甲烷、二氯甲烷、1,2-二氯乙烷、环氧氯丙烷、氯乙烯、1,1-二氯乙烯、1,2-二氯乙烯、三氯乙烯、四氯乙烯、氯丁二烯、六氯丁二烯、苯乙烯、甲醛、苯、甲苯、乙苯、二甲苯、异丙苯、氯苯、1,2-二氯苯、1,4-二氯苯、百菌清、苯并芘、甲基汞、黄磷、钼、钴、铍、硼、锑、镍、钡、钒、铊、钛共 66 项
2	民和桥	
3	川海大桥浮桥	
4	咸水沟入湟水之前	水温、pH、溶解氧、高锰酸盐指数、COD$_{cr}$、BOD$_5$、氨氮、总磷、总氮、铜、锌、氟化物、硒、砷、汞、镉、六价铬、铅、氰化物、挥发酚、石油类、阴离子表面活性剂、硫化物、粪大肠菌群共 24 项
5	隆治沟入湟水之前	
6	金星电站大坝	
7	新庄电站大坝	
8	湟惠电站大坝	
9	湟水桥	

2.2 流域水环境质量评价

本研究依据《地表水环境质量标准》（GB 3838—2002）、《环境影响评价技术导则——地表水环境》（HJ 2.3—2018）以及《地表水环境质量评价办法（试行）》，对甘肃省湟水流域水环境质量进行评估。享堂桥执行《地表水环境质量标准》（GB 3838—2002）Ⅲ类标准限值，其他点位均执行《地表水环境质量标准》（GB 3838—2002）Ⅳ类标准限值。

2.2.1 断面水质评价

2.2.1.1 评价方法

依据《地表水环境质量标准》（GB 3838—2002）、《环境影响评价技术导则——地表水环境》（HJ 2.3—2018），本次断面水质采用单因子指数法进行评估。

1）一般性水质因子（随着浓度增加而使水质变差的水质因子）的指数计算公式：

$$S_{i,j} = C_{i,j} / C_{si} \tag{2-1}$$

式中：$S_{i,j}$ 表示评价因子 i 的水质指数，大于 1 表明该水质因子超标；

$C_{i,j}$ 表示评价因子 i 在 j 点的实测统计代表值，单位为 mg/L；

C_{si} 表示评价因子 i 的水质评价标准限值，单位为 mg/L。

2）溶解氧（O）的标准指数计算公式：

$$S_{O,j} = O_s / O_j \qquad O_j \leqslant O_f \tag{2-2}$$

$$S_{O,j} = \frac{|O_f - O_j|}{O_f - O_s} \qquad O_j > O_f \tag{2-3}$$

式中：$S_{O,j}$ 表示溶解氧的标准指数，大于 1 表明该水质因子超标；

O_j 表示溶解氧在 j 点的实测统计代表值，单位为 mg/L；

O_s 表示溶解氧的水质评价标准限值，单位为 mg/L；

O_f 表示饱和溶解氧浓度，单位为 mg/L。

对于盐度比较高的湖泊、水库及入海河口、近岸海域，$O_f =（491-2.65S)/(33.5+T)$；对于河流，$O_f = 468/(31.6+T)$。

式中：S 表示实用盐度符号，量纲为 1；

T 表示水温，单位为℃。

3）pH 值的指数计算公式：

$$S_{pH,j} = \frac{7.0 - x(pH_j)}{7.0 - x(pH_{sd})} \qquad x(pH_j) \leqslant 7.0 \tag{2-4}$$

$$S_{pH,j} = \frac{x(pH_j) - 7.0}{x(pH_{su}) - 7.0} \qquad x(pH_j) > 7.0 \tag{2-5}$$

式中：$S_{pH,j}$ 表示 pH 值的指数，大于 1 表明该水质因子超标；

$x(pH_j)$ 表示 pH 值实测统计代表值；

$x(pH_{sd})$ 表示评价标准中 pH 值的下限值；

$x(pH_{su})$ 表示评价标准中 pH 值的上限值。

2.2.1.2 评价结果

利用单因子指数法对享堂桥、民和桥、川海大桥浮桥、咸水沟入湟水之前、隆治沟入湟水之前、金星电站大坝、新庄电站大坝、湟惠电站大坝、湟水桥 9 个监测断面的《地表水环境质量标准》（GB 3838—2002）表 2-2 中除水温、总氮、粪大肠菌群以外的 21 项监测数据进行了计算。计算结果显示，除枯水期民和桥断面为Ⅳ类水质外，其余断面在丰水期、枯水期均符合或优于Ⅲ类水质标准。具体断面水质类别见表2-3，水质类别占比见图2-1。

表2-3　断面水质类别评价表

序号	断面名称	周期	水质类别	水质状况
1	享堂桥	丰、枯水期	Ⅰ～Ⅱ类水质	优
2	民和桥	丰水期	Ⅲ类水质	良好
		枯水期	Ⅳ类水质	轻度污染
3	川海大桥浮桥	丰水期	Ⅲ类水质	良好
		枯水期	Ⅰ～Ⅱ类水质	优
4	咸水沟入湟水之前	枯水期	Ⅲ类水质	良好
5	隆治沟入湟水之前	丰、枯水期	Ⅲ类水质	良好
6	金星电站大坝	丰水期	Ⅲ类水质	良好
		枯水期	Ⅰ～Ⅱ类水质	优
7	新庄电站大坝	丰、枯水期	Ⅰ～Ⅱ类水质	优
8	湟惠电站大坝	丰水期	Ⅰ～Ⅱ类水质	优
		枯水期	Ⅲ类水质	良好
9	湟水桥	丰水期	Ⅰ～Ⅱ类水质	优
		枯水期	Ⅲ类水质	良好

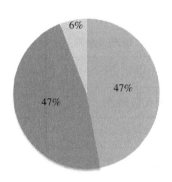

图2-1　水质类别占比图

根据断面水质监测结果，确定断面主要污染指标。断面主要污染指标的确定方法为：评价时段内，断面水质为"优"或"良好"时，不评价主要污染指标。

断面水质超过Ⅲ类标准时，先按照不同指标对应水质类别的优劣，选择水质类别最差的前三项指标作为主要污染指标。当不同指标对应的水质类别相同时计算超标倍数，将超标指数按大小排列，取超标倍数最大的前三项为主要污染指标。当氰化物或铅、铬等重金属超标时，优先作为主要污染指标。确定了主要污染指标的同时，应在指标后标注该指标浓度超过Ⅲ类水质标准的倍数（水温、pH值和溶解氧等项目不计算超标倍数）。

$$超标倍数=\frac{某指标的浓度值 - 该指标的Ⅲ类水质标准}{该指标的Ⅲ类水质标准} \tag{2-6}$$

依据《地表水环境质量评价办法（试行）》的断面主要污染物确定方法，享堂桥、民和桥、川海大桥浮桥、咸水沟入湟水之前、隆治沟入湟水之前、金星电站大坝、新庄电站大坝、湟惠电站大坝、湟水桥9个监测断面中，只需确定民和桥断面主要污染指标。对照《地表水环境质量标准》（GB 3838—2002）Ⅲ类水质标准限值，民和桥断面主要污染指标为化学需氧量，超标倍数为1.075。监测断面中发现，川海大桥浮桥以及金星电站大坝断面的枯水期水质优于丰水期，通过分析可知，其原因为大通河水质优于湟水，且枯水期时下泄水量远大于湟水，通过大通河的稀释作用，枯水期水质变好，且优于丰水期。

2.2.2 流域水质评价

2.2.2.1 评价方法

依据《地表水环境质量评价办法（试行）》中的河流、流域（水系）水质评价方法进行评价，具体评价方法为：

当河流、流域（水系）的断面总数少于5个时，计算河流、流域（水系）所有断面各评价指标浓度算术平均值，然后按照断面水质评级方法进行评价。

当河流、流域（水系）的断面总数在5个（含5个）以上时，采用断面水质类别比例法，即根据评价河流、流域（水系）中各水质类别的断面数占河流、流域（水系）所有评价断面总数的百分比来评价其水质状况。河流、流域（水系）的断面总数在5个（含5个）以下时不做评价水质类别的评价。其中河流、流域（水系）水质类别比例与水质定性评级分级的对应关系见表2-4。

表2-4 河流、流域（水系）水质定性评价分级

水质类别比例	水质状况
Ⅰ～Ⅲ类水质比例≥90%	优
75%≤Ⅰ～Ⅲ类水质比例＜90%	良好
Ⅰ～Ⅲ类水质比例＜75%，且劣Ⅴ类比例＜20%	轻度污染
Ⅰ～Ⅲ类水质比例＜75%，且20%≤劣Ⅴ类比例＜40%	中度污染
Ⅰ～Ⅲ类水质比例＜60%，且劣Ⅴ类比例≥40%	高度污染

2.2.2.2 评价结果

依据 2.2.2.1 中的评价方法，本研究对湟水流域（红古段）进行水质评价，由于民和桥、川海大桥浮桥、金星电站大坝、湟惠电站大坝以及湟水桥 5 个监测点位的丰水期和枯水期水质类别不同，为保证评价的客观性和科学性，本次评价选取丰、枯水期中较高的水质类别进行计算。

本次监测的 9 个点位中，其中 8 个点位的水质类别均符合或优于《地表水环境质量标准》（GB 3838—2002）中的Ⅲ类水质标准，Ⅰ～Ⅲ类水质比例为 88.9%，根据表 2-4 可得，湟水流域（红古段）水质状况为良好。

2.2.3 累积风险评价

2.2.3.1 评价指标选择

为掌握湟水流域（红古段）累积风险状况，本次调查与评估通过资料收集和实地走访了解湟水流域沿岸工业企业、农业生产、畜禽养殖分布和化学物质使用情况，选取了表2-5 中的 45 项指标，在民和桥、享堂桥、川海大桥浮桥进行了丰、枯水期的现状监测。本次选取的具体累计风险评估指标见表 2-6。

表 2-5 水体累积风险调查指标

序号	项目	序号	项目
1	三氯甲烷	45	水合肼
2	四氯化碳	46	四乙基铅
3	三溴甲烷	47	吡啶
4	二氯甲烷	48	松节油
5	1,2-二氯乙烷	49	苦味酸
6	环氧氯丙烷	50	丁基黄原酸
7	氯乙烯	51	活性氯
8	1,1-二氯乙烯	52	滴滴涕
9	1,2-二氯乙烯	53	林丹
10	三氯乙烯	54	环氧七氯
11	四氯乙烯	55	对硫磷
12	氯丁二烯	56	甲基对硫磷
13	六氯丁二烯	57	马拉硫磷
14	苯乙烯	58	乐果
15	甲醛	59	敌敌畏
16	乙醛	60	敌百虫

续表2-5

序号	项目	序号	项目
17	丙烯醛	61	内吸磷
18	三氯乙醛	62	百菌清
19	苯	63	甲萘威
20	甲苯	64	溴氰菊酯
21	乙苯	65	阿特拉津
22	二甲苯	66	苯并芘
23	异丙苯	67	甲基汞
24	氯苯	68	多氯联苯
25	1,2-二氯苯	69	微囊藻毒素-LR
26	1,4-二氯苯	70	黄磷
27	三氯苯	71	钼
28	四氯苯	72	钴
29	六氯苯	73	铍
30	硝基苯	74	硼
31	二硝基苯	75	锑
32	2,4-二硝基甲苯	76	镍
33	2,4,6-三硝基甲苯	77	钡
34	硝基氯苯	78	钒
35	2,4-二硝基氯苯	79	钛
36	2,4-二氯苯酚	80	铊
37	2,4,6-三氯苯酚	81	铜
38	五氯酚	82	锌
39	苯胺	83	硒
40	联苯胺	84	砷
41	丙烯酰胺	85	汞
42	丙烯腈	86	镉
43	邻苯二甲酸二丁酯	87	铬(六价)
44	邻苯二甲酸二(2-乙基己基)酯	88	铅

表2-6 湟水流域累计风险评估指标

序号	指标类型	指标名称
1	有毒有害有机物类 （27项）	三氯甲烷、四氯化碳、三溴甲烷、二氯甲烷、1,2-二氯乙烷、环氧氯丙烷、氯乙烯、1,1-二氯乙烯、1,2-二氯乙烯、三氯乙烯、四氯乙烯、氯丁二烯、六氯丁二烯、苯乙烯、甲醛、苯、甲苯、乙苯、二甲苯、异丙苯、氯苯、1,2-二氯苯、1,4-二氯苯、百菌清、苯并芘、甲基汞、黄磷
2	重金属类（18项）	钼、钴、铍、硼、锑、镍、钡、钒、钛、铊、铜、锌、硒、砷、汞、镉、铬（六价）、铅

2.2.3.2 评价方法

水中的污染物包括微生物、化学污染物和放射性物质，其中化学污染物包括有机物和无机物，而重金属和微量（痕量）有毒有害有机物总称为有毒污染物，具有难降解、生物累积性和高毒性等特点。本次评价依据选取的45项累积风险表征指标属性，将其分为有毒有害有机物和重金属两大类，并根据《江河生态安全评估技术指南》中的评价方法进行评价。具体评价方法如下：

1）有毒有害有机物类

含义：指在其生产、使用或处置的任何阶段都具有会对人、其他生物或环境带来潜在危害特性的物质。计算方法为：

$$Q_O = \frac{C_{O1}}{S_{O1}} + \frac{C_{O2}}{S_{O2}} + \cdots + \frac{C_{On}}{s_{On}} \tag{2-7}$$

式中：C_{O1}，C_{O2}，...，C_{On} 为有机物在水体中的浓度；S_{O1}，S_{O2}，...，S_{On} 为有机物在水体中的最大允许浓度；Q_O 为有机物的综合风险指数。

2）重金属类

含义：该类污染指由重金属或其化合物造成的环境污染，主要由采矿、废气排放、污水灌溉和使用重金属制品等人为因素所致。计算方法为：

$$Q_M = \frac{C_{M1}}{S_{M1}} + \frac{C_{M2}}{S_{M2}} + \cdots + \frac{C_{Mn}}{S_{Mn}} \tag{2-8}$$

式中：C_{M1}，C_{M2}，…，C_{Mn} 为有机物在水体中的浓度；S_{M1}，S_{M2}，…，S_{Mn}，为有机物在水体中的最大允许浓度；Q_M 为有机物的综合风险指数。

2.2.3.3 评价结果

本研究利用2.2.3.2中的计算方法对湟水流域（红古段）有毒有害有机物类和重金属类表征指标进行了计算，其中所有点位的有毒有害有机物类指标均未检出，累积风险指标计算为零，等级为"一级，低"；重金属类综合风险指标经计算在丰水期时为0.452，累积风险等级为"二级，较低"，枯水期时为0.766，累积风险等级为"三级，一般"。

根据计算结果可以看出，湟水流域（红古段）重金属类累积风险较大，从时期来看，枯水期重金属累积风险显著大于丰水期,流域水体重金属的时空分布规律呈现差异性,说明地表径流及降雨等的减少对河流重金属的浓度分布有不同程度的影响。依据单因子指数法对重金属单项指标进行进一步分析,可以看出,丰水期和枯水期检测出的重金属物质基本一致,主要为硼、镍、钡、硒、砷、铬(其中硼、砷、硒为类金属)。

2.2.3.4 重金属累积影响

本次监测出的6种重金属(硼、镍、钡、硒、砷、铬)的理化特性及主要来源见表2-7、2-8所示。

表2-7 重金属的理化特性

理化参数	重金属指标					
	硼(B)	镍(Ni)	钡(Ba)	硒(Se)	砷(As)	铬(Cr)
原子质量	10.81	58.70	137.33	78.89	74.90	51.90
原子序数	5	28	56	34	33	24
熔点	2 180	1 453	725	217	817	1 857
沸点	3 650	2 732	1 600	684.9	613	2 672
密度	2.34	8.90	3.51	4.81	5.73	7.19
颜色	黑色、深棕色	银白	银白色	灰	黄、灰	银白

表2-8 重金属的污染来源

金属	污染来源
硼(B)	冶炼、电子、医药、陶瓷、核工业等行业
镍(Ni)	镍矿开采与冶炼、电镀、电池、抗腐蚀剂工业排污
钡(Ba)	橡胶、塑料、陶瓷、油漆等化学工业,机械制造和金属加工行业
砷(As)	砷矿开采与冶炼、石油化工催化剂、含砷农药、燃料及制革工业、医药工业排污
铬(Cr)	铁合金冶炼,应用铬化合物的工业如电镀、制药等,耐火材料,金属加工企业排污

2.3 流域水质状况分析

2.3.1 流域基本情况分析

本研究依据《地表水环境质量标准》(GB 3838—2002)水质标准限值,采用单因子指数法对湟水桥、民和桥、享堂桥3个断面的主要超标污染因子进行分析。

具体超标污染因子情况见表2-9和2-10所示。

表2-9　湟水历年监测因子污染指数超标情况

水质断面	水质目标	监测年份	超标因子及最大超标倍数
享堂桥	Ⅲ类	2013年	化学需氧量(1.12)
		2014年	化学需氧量(1.33)
民和桥	Ⅳ类	2013年	化学需氧量(1.49)、氨氮(2.37)、总磷(1.7)
		2014年	化学需氧量(1.49)、氨氮(4.32)、总磷(1.17)
		2015年	化学需氧量(1.28)、生化需氧量(1.21)、氨氮(3.30)、总磷(2.27)
		2016年	化学需氧量(1.29)、生化需氧量(1.03)、氨氮(3.70)、总磷(1.63)
		2017年	氨氮(2.39)、总磷(2.13)
		2018年	氨氮(1.97)
湟水桥	Ⅳ类	2016年	生化需氧量(1.25)、氨氮(1.37)、总磷(20.07)

根据表2-9的分析结果，有针对性地选择化学需氧量、生化需氧量、氨氮、总磷这几项指标，进行进一步的统计分析。

表2-10　主要污染因子在3个控制断面的监测值统计

污染指标	监测断面	监测值			标准差
		最大值	最小值	平均值	
化学需氧量	享堂桥	26.7	8.4	11.86	0.53
	民和桥	45.0	9.7	20.454	1.42
	湟水桥	29.6	11.5	16.712	0.57
生化需氧量	享堂桥	2.0	0.5	1.11	0.05
	民和桥	7.3	1.0	3.99	0.19
	湟水桥	7.5	1.4	2.36	0.22
氨氮	享堂桥	0.3	0.03	0.14	0.01
	民和桥	6.5	0.1	1.84	0.24
	湟水桥	2.1	0.1	0.52	0.08
总磷	享堂桥	0.2	0.006	0.04	0.004
	民和桥	0.7	0.1	0.24	0.02
	湟水桥	6.0	0.04	0.93	0.29

由表 2-9 可知，2013—2014 年，享堂桥主要超标项目为化学需氧量，最大超标倍数为 1.33。民和桥氨氮常年持续超标，最大超标倍数为 4.32；除氨氮外，2013—2017 年化学需氧量、总磷超标，化学需氧量最大超标倍数为 1.49，总磷最大超标倍数为 2.27；2015—2016 年，生化需氧量超标，最大超标倍数为 1.21。湟水桥 2016 年生化需氧量、氨氮、总磷超标，其最大超标倍数分别为 1.25、1.37、20.07。

由表 2-10 可知，生化需氧量、化学需氧量和氨氮 3 项指标在 3 个控制断面的监测浓度均为：民和桥 > 湟水桥 > 享堂桥，且民和桥断面和湟水桥断面差距较小；总磷指标在 3 个控制断面的监测浓度为：湟水桥 > 民和桥 > 享堂桥，且湟水桥断面和民和桥断面差距较大，数据呈现较大波动，离散程度较大。

2.3.2 利用综合污染指数法进行水质分析

2.3.2.1 分析方法

通过查阅文献，本研究基于甘肃省湟水流域例行监测数据特征，选择综合污染指数法对甘肃省湟水流域水质进行全面分析。

综合污染指数法是利用水体中单个监测指标的监测结果与评价标准之比作为该指标的污染分指数，然后通过各指标污染分指数的算术平均值而计算出该水体的污染指数，以代表该水体的污染程度，计算公式为：

$$P = \frac{1}{n}\sum_{i=1} P_i \qquad P_i = \frac{C_i}{C_0} \qquad (2-9)$$

式中：P 为水体的综合污染指数，P_i 为 i 项水质指标的污染分指数，C_i 为 i 项水质指标的浓度值，C_0 为 i 项水质指标的评价标准。将计算结果对照综合污染指数评价分级表（见表 2-11）后，评价流域水质级别。

表 2-11 综合污染指数评价分级表

水体的综合污染指数	水质级别	水质现状阐述
≤0.40	好	多数项目未检出，个别检出也在标准内
0.41～0.70	轻度污染	个别项目检出且已超标
0.71～1.00	中度污染	2 项检出值超标
1.01～2.00	重污染	相当部分检出值超标
≥2.00	严重污染	相当部分检出值超标几倍或几十倍

2.3.2.2 结果分析

本研究采用综合污染指数法，对享堂桥、民和桥、湟水桥以及流域综合污染指数进行计算，具体计算结果见表 2-12，各污染指标在湟水桥、民和桥、享堂桥断面的综合污染指数分布见图 2-2、2-3、2-4、2-5、2-6、2-7、2-8、2-9。

表 2-12 湟水流域水质综合指数

监测断面	年份	高锰酸盐指数	化学需氧量	生化需氧量	总氮	氨氮	总磷	氟化物	综合污染指数(P)
湟水桥	2016	0.216	0.625	0.583	2.287	0.410	11.433	0.161	2.245
	2017	0.248	0.572	0.333	2.131	0.384	0.401	0.155	0.603
	2018	0.224	0.479	0.368	1.899	0.339	0.382	0.178	0.553
	平均	0.229	0.559	0.428	2.106	0.378	4.072	0.165	1.134
民和桥	2013	0.389	1.115	0.638	2.921	0.916	1.078	0.297	1.050
	2014	0.380	1.338	0.519	3.062	1.652	0.754	0.238	1.135
	2015	0.351	1.020	0.933	3.505	1.663	0.831	0.238	1.220
	2016	0.341	0.618	0.497	3.650	1.760	0.793	0.228	1.127
	2017	0.313	0.571	0.724	2.925	1.189	1.008	0.206	0.991
	2018	0.297	0.483	0.746	2.454	0.868	0.625	0.228	0.814
	平均	0.345	0.858	0.676	3.087	1.341	0.848	0.239	1.056
享堂桥	2013	0.460	0.784	0.419	1.693	0.200	0.158	0.168	0.555
	2014	0.598	0.946	0.269	1.461	0.206	0.102	0.205	0.541
	2015	0.292	0.566	0.250	1.613	0.112	0.129	0.186	0.450
	2016	0.293	0.575	0.263	1.343	0.149	0.201	0.159	0.426
	2017	0.383	0.587	0.246	1.657	0.144	0.379	0.147	0.506
	2018	0.364	0.538	0.302	1.299	0.115	0.200	0.170	0.427
	平均	0.398	0.666	0.292	1.511	0.154	0.195	0.173	0.484
湟水流域									0.891

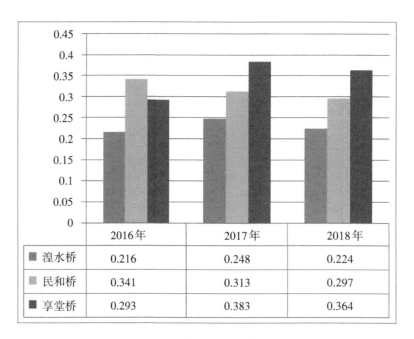

图2-2　高锰酸盐指数对比图

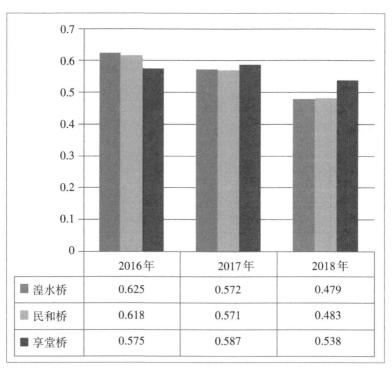

图2-3　化学需氧量对比图

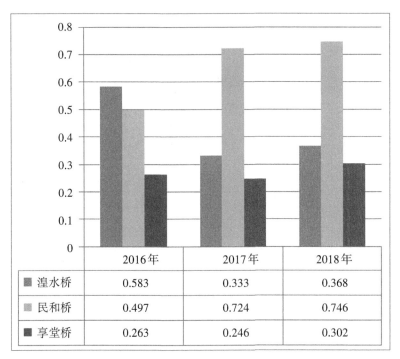

图2-4　生化需氧量对比图

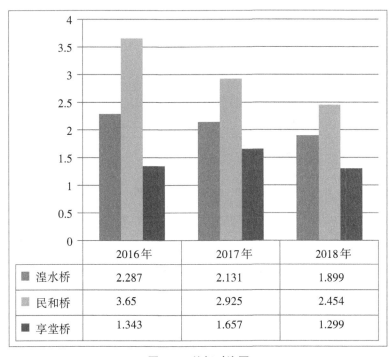

图2-5　总氮对比图

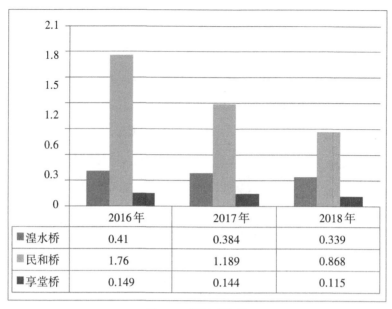

	2016年	2017年	2018年
■湟水桥	0.41	0.384	0.339
■民和桥	1.76	1.189	0.868
■享堂桥	0.149	0.144	0.115

图2-6　氨氮对比图

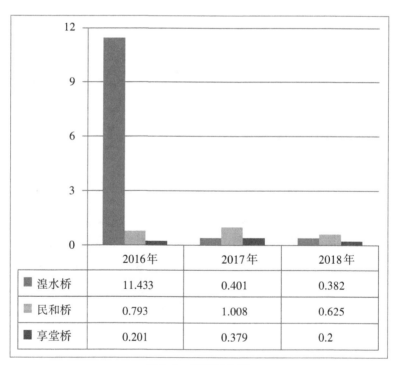

	2016年	2017年	2018年
■ 湟水桥	11.433	0.401	0.382
■ 民和桥	0.793	1.008	0.625
■ 享堂桥	0.201	0.379	0.2

图2-7　总磷对比图

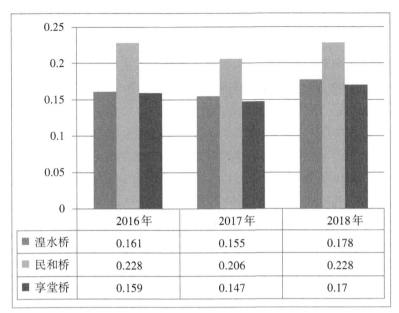

图2-8 氟化物对比图

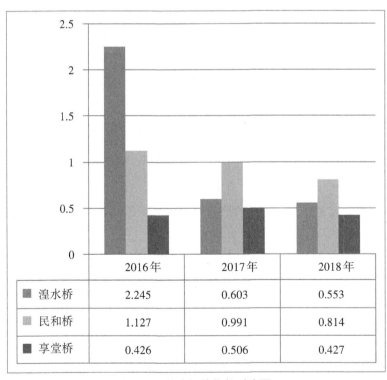

图2-9 综合污染指数对比图

通过表2-12可以看出，湟水桥断面综合污染指数最高，为1.134；民和桥断面次之，为1.056；享堂桥断面最低，为0.484。对照表2-11可知，湟水桥断面和民和桥断面水环境质量属于重污染，享堂桥断面属于轻度污染，湟水流域整体综合污染指数为0.891，水环境质量属于中度污染。

从各断面污染指标来看，湟水桥断面的总磷和总氮指标较高，综合污染指数分别为4.072、2.101；民和桥断面的总氮和氨氮指标较高，综合污染指数分别为3.087、1.341；享堂桥断面总氮指标较高，综合污染指数为1.511。

从断面变化趋势来看，湟水桥2016年综合污染指数为2.245，达到严重污染，2017年和2018年为轻度污染，呈下降趋势；享堂桥2013—2018年均为轻度污染，整体呈下降趋势；民和桥2013—2016年为重污染，2017年和2018年为中度污染，总体呈先上升后下降的趋势，在2015年达到最高点，综合污染指数为1.22。

2.3.3 基于主成分分析法进行水质分析

2.3.3.1 分析方法

天然水体中含有各种不同物质，是一个组成复杂的系统，各成分之间具有不同程度的相关性，每一个成分都反映了水质某一方面的质量，如何将它们组合起来对水质进行评价具有难度。综合污染指数法可以基本反映水质污染程度，但是经加权叠加后的水质指数忽略了少数超标污染项目及环境富集残存大的污染项目对水环境影响更大的特征。因此，选用主成分分析法对水质进行进一步分析。

主成分分析法是在计算机技术支持下，基于多元统计分析的理论的较完善的分析方法，它的优势在于可以找出影响水质的几个综合指标，不仅保留了原始的主要信息，又使其彼此之间不相关，比原始变量更具有优越的性质，在研究复杂环境问题时容易抓住主要矛盾。其原理为：

设有 n 个水质样本，每个样本共有 p 个变量描述，这样就构成了 $n \times p$ 阶的数据矩阵：

$$X = \begin{bmatrix} X_{11} & \cdots & X_{1p} \\ \vdots & \ddots & \vdots \\ X_{n1} & \cdots & X_{np} \end{bmatrix} \tag{2-10}$$

通过变换将原变量 X_1、$X_2 \cdots$，X_p 转换成新变量 F_1、$F_2 \cdots$，F_k（$k \leqslant p$），新变量是原变量的线性组合。F_1、$F_2 \cdots$，F_k 可用多项式表示为：

$$\begin{aligned} F_1 &= A_{11}X_1 + A_{12}X_2 + \cdots + A_{1p}X_p \\ F_2 &= A_{21}X_1 + A_{22}X_2 + \cdots + A_{2p}X_p \\ F_k &= A_{k1}X_1 + A_{k2}X_2 + \cdots + A_{kp}X_p \end{aligned} \tag{2-11}$$

这样确定的综合变量 F_1、$F_2 \cdots$，F_k 分别称作原变量的第一、第二，…，第 k 个主成分，且 F_1、$F_2 \cdots$，F_k 在总方差中占的比例依次递减。

利用SPSS软件进行统计分析，选取高锰酸盐指数、化学需氧量、生化需氧量、总氮、氨氮、总磷、氟化物7项指标，在数据标准化的基础上，进行指标之间的相关性判定，得到相关系统矩阵，通过表2-13可以看出，大部分相关系数大于0.3，可见许多变量之间的相关性较强，证明它们存在信息上的叠加，这些原始变量适合进行主成分分析。

根据表2-14可以看出，SPSS软件自动提取了2个主成分，即$k=2$。由表2-15可以看出，总氮、氟化物、氨氮在第一主成分上有较高的载荷，说明第一主成分基本反映了这些指标的信息，总磷和生化需氧量在第二主成分上具有较高的载荷，第二主成分主要反映这些指标信息。从方差贡献率来看，第一、第二主成分的累计方差贡献率达到71.844%。

表2-13　相关系数矩阵

指标	高锰酸盐指数	化学需氧量	生化需氧量	总氮	氨氮	总磷	氟化物
高锰酸盐指数	1.000	0.434	0.370	0.409	0.452	−0.111	0.603
化学需氧量	0.434	1.000	0.441	0.523	0.467	0.134	0.552
生化需氧量	0.370	0.441	1.000	0.724	0.556	0.304	0.681
总氮	0.409	0.523	0.724	1.000	0.804	0.220	0.721
氨氮	0.452	0.467	0.556	0.804	1.000	0.073	0.660
总磷	−0.111	0.134	0.304	0.220	0.073	1.000	0.061
氟化物	0.603	0.552	0.681	0.721	0.660	0.061	1.000

表2-14　总方差解释

成分	初始特征值			提取载荷平方		
	总计	方差百分比（%）	累积百分比（%）	总计	方差百分比（%）	累积百分比（%）
1	3.868	55.261	55.261	3.868	55.261	55.261
2	1.161	16.583	71.844	1.161	16.583	71.844
3	0.650	9.289	81.133			
4	0.527	7.534	88.668			
5	0.410	5.863	94.530			
6	0.233	3.326	97.857			
7	0.150	2.143	100.000			

表2-15　初始因子载荷矩阵及特征向量

评估指标	成分		特征向量	
	1	2	A1	A2
总氮	0.894	0.133	0.45	0.12
氟化物	0.882	−0.140	0.45	−0.13
氨氮	0.831	−0.061	0.42	−0.06
生化需氧量	0.808	0.267	0.41	0.25
化学需氧量	0.700	−0.43	0.36	−0.40
高锰酸盐指数	0.646	−0.483	0.33	−0.45
总磷	0.202	0.902	0.10	0.84

将标准化后的数据与表2-15中的特征向量相乘，得出主成分表达式如下：

$$F_1=0.45X_1+0.45X_2+0.42X_3+0.41X_4+0.36X_5+0.33X_6+0.10X_7$$
$$F_2=0.12X_1-0.13X_2-0.06X_3+0.25X_4-0.40X_5-0.45X_6+0.84X_7$$

（2-12）

其中X_1、X_2、X_3、X_4、X_5、X_6、X_7是标准化后的总氮、氟化物、氨氮、生化需氧量、化学需氧量、高锰酸盐指数、总磷对应值。

以每个主成分所对应的特征值占所提取主成分总的特征值之和的比例作为权重计算主成分综合模型，见下式：

$$F = \frac{\lambda_1 \times F_1 + \lambda_2 \times F_2}{\lambda_1 + \lambda_2}$$

（2-13）

其中λ_1=3.868，λ_2=1.161，由此可得主成分综合模型为：

$$F = \frac{3.868F_1 + 1.161F_2}{5.029}$$

（2-14）

2.3.3.2　结果分析

根据主成分综合模型计算综合主成分值，并对其按综合主成分值进行排序，即可以对各断面进行综合评价比较。结果见表2-16、2-17、2-18所示。

表2-16　2016年断面综合主成分值及排名

监测断面	F_1	F_2	F	排名
享堂桥	−2.151	0.2287	−1.602	1
湟水桥	0.0375	−0.119	0.0013	2
民和桥	0.3732	0.4334	0.3871	3

表 2-17　2017年断面综合主成分值及排名

监测断面	F_1	F_2	F	排名
享堂桥	−1.92665	−0.00035	−1.48195	1
湟水桥	−0.386	−0.209	−0.345	2
民和桥	1.534	−0.091	1.1588	3

表 2-18　2018年断面综合主成分值及排名

监测断面	F_1	F_2	F	排名
享堂桥	−1.958	0.0584	−1.492	1
湟水桥	−0.508	0.0221	−0.385	2
民和桥	1.1884	−0.023	0.9087	3

根据主成分的综合评价函数，计算各监测断面的 F 值，对各断面的污染情况进行排名，其中得分越大表示断面的污染越严重，排名越靠后；得分越小表示断面的污染较小，排名越靠前。由表 2-16、2-17、2-18 可以看出，2016年、2017年和2018年，湟水桥、民和桥和享堂桥的水质污染程度排名均为民和桥 > 湟水桥 > 享堂桥，其中享堂桥断面和湟水桥断面的 F 值逐年降低，说明水质情况不断在改善；民和桥的 F 值在 2017 年达到最高，水质污染程度呈先上升后下降趋势，但总体来看污染程度较重。从第一主成分 F_1 和第二主成分 F_2 来看，民和桥的 F_1 得分明显高于湟水桥和享堂桥，说明在民和桥断面上总氮、氨氮、氟化物几项指标较高，污染程度较为严重；2016年，民和桥断面 F_2 得分较高，2018年，湟水桥断面 F_2 得分较高，说明在 2016年和2018年，民和桥以及湟水桥的总磷、生化需氧量指标值较高。

2.4　流域水质变化趋势分析

2.4.1　分析方法

依据《地表水环境质量评价办法（试行）》，本次湟水流域（红古段）水质变化趋势分析针对流域主要污染指数，采用 Daniel 的趋势检验，使用了 spearman 的秩相关系数，来衡量环境污染变化趋势在统计上有无显著性。其计算公式为：

$$r_s = 1 - \left[6 \sum_{i=1}^{n} \left(x_i - y_i \right)^2 \right] / \left(n^3 - n \right) \tag{2-15}$$

式中：r_s 为秩相关系数；n 为时间周期数；x_i 为年均值从低到高排列的序数；y_i 为按时间排列的序号。

将秩相关系数 r_s 的绝对值同 spearman 之相关系统统计表中的临界值 w_p 进行比较。

当 $|r_s| > w_p$ 时，则表明变化趋势有显著意义：

如果 r_s 是负值，则表明在评价时段内有关统计量指标变化呈下降趋势或好转趋势；

如果 r_s 为正值，则表明在评价时段内有关统计量指标变化呈上升趋势或加重趋势。

2.4.2 分析结果

采用 spearman 的秩相关系数法（Daniel 的趋势检验），对民和桥、享堂桥、湟水桥 3 个断面 2016 年、2017 年和 2018 年的总氮、氨氮、总磷、化学需氧量 4 个指标月度变化趋势，以及民和桥、享堂桥和湟水桥的综合污染指数年度变化指标进行分析。

2.4.2.1 民和桥断面变化趋势

民和桥断面 2016、2017、2018 年的总氮、氨氮、总磷和化学需氧量指标整体呈下降趋势，并且呈逐年下降趋势。其中，总氮指标在 2016 年 4 月份达到最高值，为 8.42 mg/L，且在 2 月份到 6 月份出现较大的波动，2017 年和 2018 年整体较为平稳，在 9 月份之前有波动，但较小，10 月份到 1 月份呈上升趋势，2017 年在 1 月份达到最高值为，5.49 mg/L，2018 年在 12 月达到最高值，为 4.75 mg/L；氨氮指标在 2016、2017 和 2018 年的 9 月份之前整体呈下降趋势，在 9 月份之后，呈整体上升趋势，2016 年 4 月份达到最高值，为 5.55 mg/L；总磷指标在 2016 和 2018 年整体呈下降趋势，在 9 月份之后，呈上升趋势，2017 年整体呈下降趋势，但在 8 月份之前，波动较大，在 2 月份达到最高值，为 0.64 mg/L；化学需氧量在 2017 和 2018 年整体浓度值偏小且基本无波动，2016 年的 4～8 月份有较大的起伏，其中在 5 月份的时候达到最高值，为 38.6 mg/L，8 月份达到最低值，为 9.71 mg/L。

具体见图 2-10、2-11、2-12、2-13。

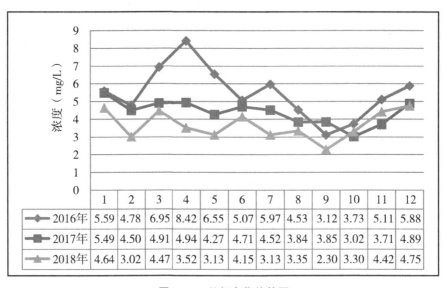

	1	2	3	4	5	6	7	8	9	10	11	12
2016年	5.59	4.78	6.95	8.42	6.55	5.07	5.97	4.53	3.12	3.73	5.11	5.88
2017年	5.49	4.50	4.91	4.94	4.27	4.71	4.52	3.84	3.85	3.02	3.71	4.89
2018年	4.64	3.02	4.47	3.52	3.13	4.15	3.13	3.35	2.30	3.30	4.42	4.75

图 2-10 总氮变化趋势图

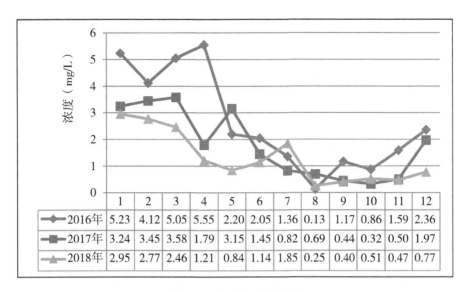

图2-11 氨氮变化趋势图

	1	2	3	4	5	6	7	8	9	10	11	12
2016年	5.23	4.12	5.05	5.55	2.20	2.05	1.36	0.13	1.17	0.86	1.59	2.36
2017年	3.24	3.45	3.58	1.79	3.15	1.45	0.82	0.69	0.44	0.32	0.50	1.97
2018年	2.95	2.77	2.46	1.21	0.84	1.14	1.85	0.25	0.40	0.51	0.47	0.77

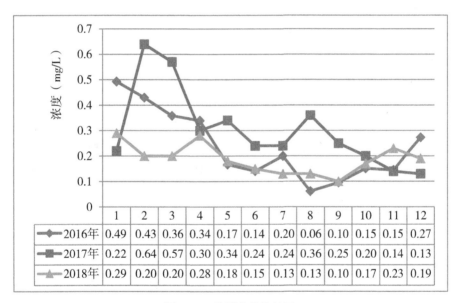

图2-12 总磷变化趋势图

	1	2	3	4	5	6	7	8	9	10	11	12
2016年	0.49	0.43	0.36	0.34	0.17	0.14	0.20	0.06	0.10	0.15	0.15	0.27
2017年	0.22	0.64	0.57	0.30	0.34	0.24	0.24	0.36	0.25	0.20	0.14	0.13
2018年	0.29	0.20	0.20	0.28	0.18	0.15	0.13	0.13	0.10	0.17	0.23	0.19

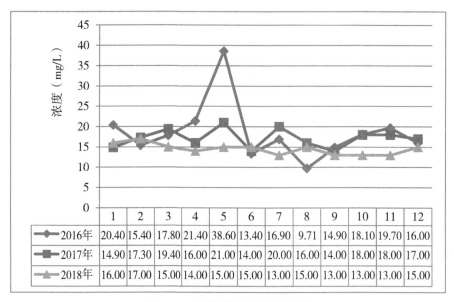

图 2-13　化学需氧量变化趋势图

	1	2	3	4	5	6	7	8	9	10	11	12
2016年	20.40	15.40	17.80	21.40	38.60	13.40	16.90	9.71	14.90	18.10	19.70	16.00
2017年	14.90	17.30	19.40	16.00	21.00	14.00	20.00	16.00	14.00	18.00	18.00	17.00
2018年	16.00	17.00	15.00	14.00	15.00	15.00	13.00	15.00	13.00	13.00	13.00	15.00

2.4.2.2　享堂桥断面变化趋势

享堂桥断面2016、2017和2018年3年的总氮、氨氮、总磷和化学需氧量指标没有明显的变化趋势，但是同一时期却呈现较大的差距。其中，总氮指标在2017年较高，且在4~8月之间呈现较大的波动，在6月份达到最高值，为2.3 mg/L，2016年和2018年均在3月和9月较高；氨氮指标3年浓度值接近，且在3~10月呈现较大波动，最大值和最小值差距较大；总磷指标在2017年的2~10月明显高于2016年和2018年，且该段时间呈现较大的波动，2、3、4、7、8月份浓度值有明显的变化；化学需氧量指标3年同期浓度值差距较小，且变化幅度不大，整体较平稳。具体见图2-14、2-15、2-16、2-17所示。

2.4.2.3　湟水桥断面变化趋势

湟水桥断面在2016、2017、2018年氨氮、总氮、总磷和化学需氧量均呈下降趋势，且整体呈逐年递减。其中，总氮指标在1~9月呈逐月下降，9~12月呈逐月递增趋势，1~5月变化趋势较大，2016年3月达到最高值，为6.02 mg/L；氨氮指标和总氮指标类似，1~5月呈逐月下降，5~12月呈逐月递增趋势，2016年3月达到最高值，为2.05 mg/L；总磷指标2016年同期显著高于2017年和2018年，差值较大，2017年和2018年基本无变化，且浓度值较小，均小于0.5 mg/L，2016年最低值为2.09 mg/L，最高值为6.02 mg/L，浮动较大；化学需氧量2016—2018年变化较小，且无显著浮动，在2016年5月达到最高值，为29.6 mg/L。具体见图2-18、2-19、2-20、2-21所示。

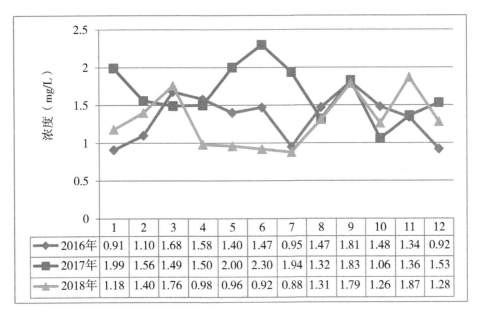

图2-14 总氮变化趋势图

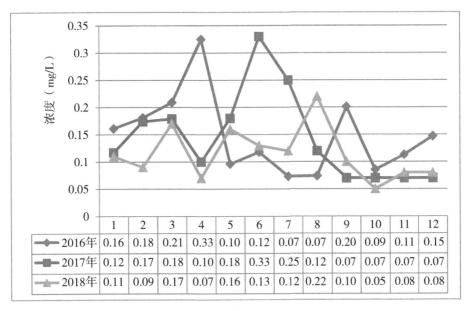

图2-15 氨氮变化趋势图

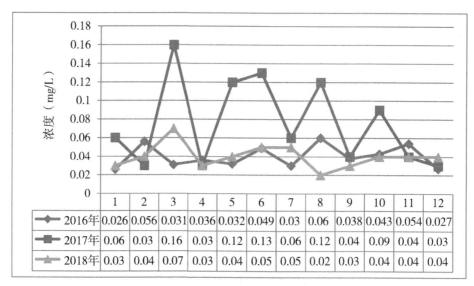

图 2-16 总磷变化趋势图

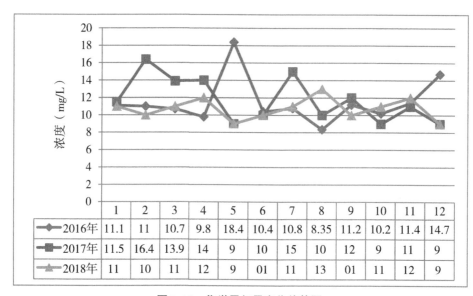

图 2-17 化学需氧量变化趋势图

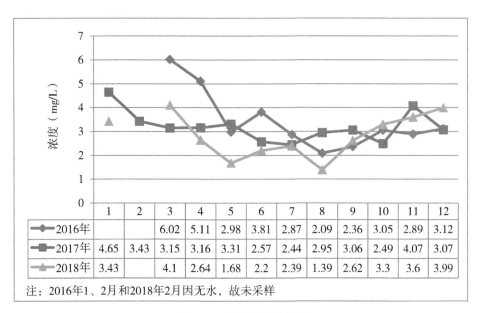

	1	2	3	4	5	6	7	8	9	10	11	12
2016年			6.02	5.11	2.98	3.81	2.87	2.09	2.36	3.05	2.89	3.12
2017年	4.65	3.43	3.15	3.16	3.31	2.57	2.44	2.95	3.06	2.49	4.07	3.07
2018年	3.43		4.1	2.64	1.68	2.2	2.39	1.39	2.62	3.3	3.6	3.99

注：2016年1、2月和2018年2月因无水，故未采样

图2-18　总氮变化趋势图

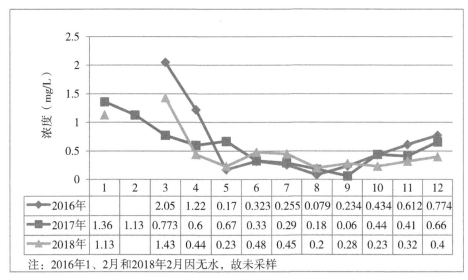

	1	2	3	4	5	6	7	8	9	10	11	12
2016年			2.05	1.22	0.17	0.323	0.255	0.079	0.234	0.434	0.612	0.774
2017年	1.36	1.13	0.773	0.6	0.67	0.33	0.29	0.18	0.06	0.44	0.41	0.66
2018年	1.13		1.43	0.44	0.23	0.48	0.45	0.2	0.28	0.23	0.32	0.4

注：2016年1、2月和2018年2月因无水，故未采样

图2-19　氨氮变化趋势图

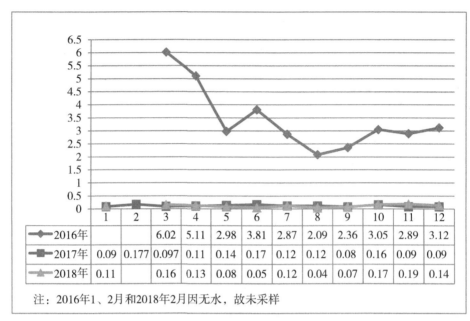

	1	2	3	4	5	6	7	8	9	10	11	12
2016年			6.02	5.11	2.98	3.81	2.87	2.09	2.36	3.05	2.89	3.12
2017年	0.09	0.177	0.097	0.11	0.14	0.17	0.12	0.12	0.08	0.16	0.09	0.09
2018年	0.11		0.16	0.13	0.08	0.05	0.12	0.04	0.07	0.17	0.19	0.14

注：2016年1、2月和2018年2月因无水，故未采样

图2-20　总磷变化趋势图

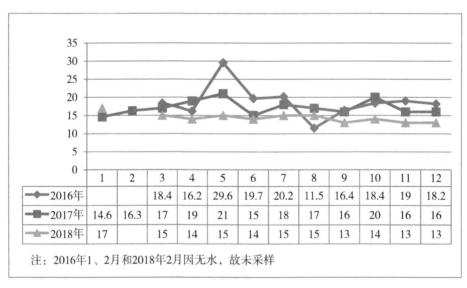

	1	2	3	4	5	6	7	8	9	10	11	12
2016年			18.4	16.2	29.6	19.7	20.2	11.5	16.4	18.4	19	18.2
2017年	14.6	16.3	17	19	21	15	18	17	16	20	16	16
2018年	17		15	14	15	14	15	15	13	14	13	13

注：2016年1、2月和2018年2月因无水，故未采样

图2-21　化学需氧量变化趋势图

2.4.2.4　总体变化趋势

由图2-22、2-23、2-24和2-25可以看出，民和桥、享堂桥以及湟水桥断面综合污染指数整体呈下降趋势，享堂桥断面下降较为平缓，民和桥以及湟水桥断面下降较陡峭。其中民和桥在2013—2015年呈上升趋势，2015—2018年呈下降趋势，在2015年达到最高值；湟水桥断面由于只收集了2016—2018年的监测数据，数据周期较短，故变化明显，

2016—2017年呈明显下降趋势，2017—2018年变化平稳，且综合污染指数较小。湟水流域（红古段）综合污染指数整体呈下降趋势，在2016—2017年，下降比例较大，2017—2018年下降比例较小，均小于0.8。

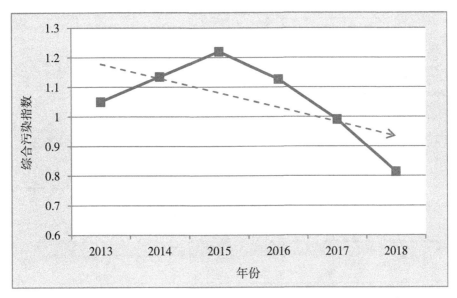

图2-22 民和桥断面综合污染指数变化趋势

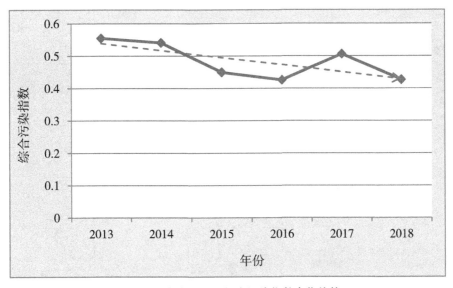

图2-23 享堂桥断面综合污染指数变化趋势

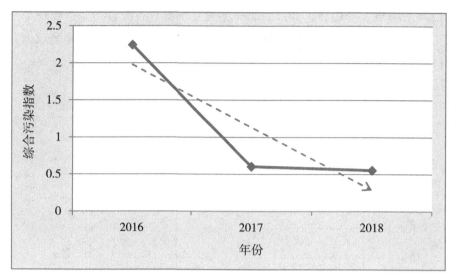

图2-24　湟水桥断面综合污染指数变化趋势

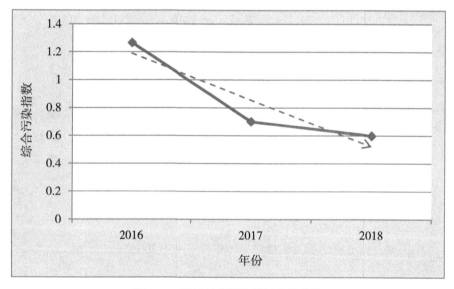

图2-25　流域综合污染指数变化趋势

3 水生生物环境状况调查与评估

3.1 水生生物环境状况调查方法

3.1.1 调查范围、对象和时间

调查范围：湟水红古段干流及大通河支流。

调查对象：包括大型无脊椎底栖动物、浮游藻类、鱼类和水生植物。

调查时间：2018年9月至11月。

3.1.2 调查内容和方法

3.1.2.1 大型底栖动物定量调查

（一）调查点位布设

受损点和参照点之间的对比是计算各种评价指数的关键步骤，尤其是将参照点纳入采样范围对评价准确性有极大影响，参照点应是未受人类干扰或受人类干扰极小的样点。为了尽可能地使评价准确，点位布设应兼顾干流与支流及典型地区（选取不同生境特征，如浅滩、深水、支流交汇处、河湾、人口密集区、干扰受损处、水生植物丰富区等），同时应考虑交通是否方便、采样是否安全等因素。经过选择，我们在调查范围内，共布设了12个监测断面。

（二）采样和分析方法

对于浅滩，使用索伯网（60目，采样面积0.1 m²）采集泥样；对于不能涉水的深水区，使用彼得逊采泥器采取泥样，每个断面的泥样单独分析。具体如下：将采到的泥样在实验室用40目分样筛筛选，为防止微小的底栖动物漏掉，于40目筛下，再套一个60目的筛。筛选出的样品，在自来水中冲洗，直至污泥完全干净，然后将残渣倒入白色解剖盘内，加入清水，借助放大镜按大类仔细检出全部底栖动物。过小的动物（如昆虫幼体）用小镊子和解剖针拣选，柔软较小的动物用毛笔分拣。对分拣后的底栖动物记录其数量并称重。称重时将标本移入自来水中浸泡3 min，然后用吸水纸吸干表面的水分，再用电子天平（精度0.0001 g）称重。

对于蜉蝣目、毛翅目、蜻蜓目、襀翅目和双翅目等昆虫类群及软体动物和节肢动物，尽量分类鉴定到属一级水平；对于其他如寡毛类和摇蚊科至少鉴定到科。

3.1.2.2　浮游藻类的定量调查

（一）调查点位布设

采样断面同大型底栖动物采样断面。

（二）采样方法

用 5 L 有机玻璃采水器在每个断面采取 5 L 水样（河流较宽时，每个断面采取两个水样，等量混合后取 5 L），用 25#浮游生物网（网孔 0.064 mm）过滤后将滤剩的水样全部转移至 50 mL 玻璃瓶中，加入数滴鲁哥氏液进行固定，带回实验室分析。

（三）镜检分类计数

（1）样品的沉淀浓缩

固定后的浮游藻类水样，静置 24 h 后，用虹吸管小心吸出上面不含藻类的"清液"（需 20～30 min），剩下 10～20 mL 沉淀物转入 30 mL 的定量瓶中，再用上述虹吸管吸出来的"清液"少许冲洗 3 次固定瓶，冲洗液转入定量瓶中，并使最终容量为 30 mL。为了不使漂浮于水面的微小生物等进入虹吸管内，虹吸时管口应始终低于水面，虹吸时流速不可过大，吸至澄清液的 1/3 时，应控制流速，使其成滴缓慢流下为宜。如样品过滤后不足 30 mL，则不用沉淀浓缩，直接定容至 30 mL 计数。

（2）样品的鉴定计数

浮游植物计数：定容后的浮游藻类水样充分摇匀后，立即用 0.1 mL 吸量管吸出 0.1 mL 样品，注入 0.1 mL 计数框内（计数框的表面积为 20×20 mm²），小心盖上盖玻片（22×22 mm²），在盖盖玻片时，注意计数框内不能出现气泡，样品不溢出计数框。然后在 10×40 倍显微镜下鉴定种类并计数。

浮游植物计数框（0.1 mL）划分有 100 个小方格，抽检位于不同部位的 5 个小格，统计每一种（或属）浮游藻类的数量。每瓶水样计数 2 次，取平均值。每 mL 浓缩样中每种浮游植物数量按下式计算：

每 mL 浓缩液中某一种浮游植物数量（个/mL）= 5 格中某种的数量×200（1 mL 相当于 1000 个小方格）；此值再乘水样浓缩后的体积数（30），即得所采水样（5 L）中某一种浮游藻类数量，然后根据采样体积计算藻类的密度（个/L）。

同一样品的两片计算结果与平均数之差如不大于其平均数的 ±15%，其平均数视为有效结果，否则检测第三片，直至三片平均数与相近两数之差不超过平均数的 ±15% 为止，这两个相近值的平均数，即可视为计算结果。

在计数过程中，常碰到某些个体一部分在视野中，另一部分在视野外，这时规定出现在视野上半圈者计数，出现在视野下半圈者不计数。数量用藻类单个细胞表示，对不宜用细胞数表示的群体或丝状体，求出其平均细胞数，换算为单位水体的单细胞藻类数。

浮游植物计数时鉴定到种，对量少又难以准确鉴定的应鉴定到属。

（3）生物量的计算

浮游藻类个体体积小，直接称重较困难，且其细胞比重多接近于 1，即 1 mL 相当于

1 g，因此，求出每种浮游藻类的个体的平均体积（用形态相近似的几何体积公式计算细胞体积，不规则性浮游生物可分为几个部分计算），换算为平均湿重，此平均湿重值乘上1 L水中该种藻类的数量，即得到1 L水中该种藻类的生物量。

定量结果按纲、目、属、种，列出各藻类密度、生物量及每一样点的总的密度和生物量。

3.1.2.3　鱼类调查

（一）样点布设

分别在永靖县达川镇焦家村、永靖县西河镇红城村、红古区红古镇红古村和红古区海石湾镇共设置4个调查样点，每个样点的采捕范围约150 m（河长），合计约600 m。

（二）采样方法

采样方法采取现场捕捞、走访调查两种方式。捕捞网具有3指网目的3层定置刺网，3指、5指网目的单层定置刺网，网片与河流走向垂直布设；同时采用3 m长的密眼地笼放入诱饵进行诱捕。对同一连续调查样点采捕的全部渔获物集中后单独分析，样本经种类鉴定、称量、测量体长后全部放归河流。对历史上记录的湟水的固有种类、优势种类的资源变动情况，通过走访周边农民，获取信息，以评估固有物种保持率。

（三）群落结构分析

将每一采样点的所有鱼类样品通过形态学鉴定分类，统计并记录各种鱼类个体数量和总重量，计算渔获物的数量百分比和重量百分比。然后计算整个河段每一种类的数量百分比和重量百分比。

3.1.2.4　水生植物定性调查

在每个泥样和水样采集断面附近，观察并拍照水生植物分布情况，同时采集适量样品带回实验室准确鉴定种类。

3.2　水生生物环境状况调查结果

3.2.1　大型底栖动物定量调查结果

大型底栖动物名录及分布见表3-1所示。

表3-1　大型底栖动物名录及分布

门	纲	目	科	属	拉丁名	1	2	3	4	5	6	7	8	9	10	11	12
软体动物门	双壳纲	蚌目	蚌科	蛏蚌属	Solenaia sp.	+											
软体动物门	腹足纲	基眼目	椎实螺科	椎实螺属	静水椎实螺 Lymnaea sragnali			+					+	+	+		
软体动物门	腹足纲	基眼目	椎实螺科	土蜗属	Galba sp.						+						
软体动物门	腹足纲	基眼目	椎实螺科	萝卜螺属	Radix sp.												+
软体动物门	腹足纲	基眼目	扁卷螺科	圆扁螺属	Hippeutis sp.			+									
软体动物门	腹足纲	基眼目	扁卷螺科	旋螺属	扁旋螺 Gyraulus compressus			+			+		+				
软体动物门	腹足纲	中腹足目	拟沼螺科	拟沼螺属	Lutea sp.			+						+			+
软体动物门	腹足纲	柄眼目	巴蜗牛科	华蜗牛属	条华蜗牛 Cathaica fasciola										+		
软体动物门	腹足纲	柄眼目	巴蜗牛科	平瓣蜗牛属	正定平瓣蜗牛 Platypetasus chentingensis									+			
节肢动物门	昆虫纲	双翅目	摇蚊科	摇蚊属	Tandipus sp.											+	
节肢动物门	昆虫纲	双翅目	摇蚊科	长附摇蚊属	绿色长附摇蚊 Tanytarsus viridiventris	+											
节肢动物门	昆虫纲	毛翅目	毛蟓科	毛蟓属	未知种属												+
节肢动物门	昆虫纲	毛翅目	纹石蛾科	纹石蛾属	纹石蛾 Phryganeidae hydropsychidae					+							
节肢动物门	昆虫纲	蜻蜓目	箭蜓科		未知种属						+						
节肢动物门	昆虫纲	蜻蜓目	蜓科	蜓属	蜓 Aeshna cordulidae												+

续表3-1

分类名称						样点											
门	纲	目	科	属	拉丁名	1	2	3	4	5	6	7	8	9	10	11	12
环节动物门	寡毛纲	近孔寡毛目	颤蚓科	水丝蚓属	*Limnodrilus sp.*		+				+	+	+	+	+	+	
				颤蚓属	*Tubifex sp.*									+			+
			仙女虫科	仙女虫属	参差仙女虫 *Nais variabilis*												
合计					18（种）	2	1	4	0	1	4	1	3	8	4	2	5

注："+"表示有分布。

本次调查，在12个样点共检出18种（属）大型底栖动物（表3-1），底栖动物种类数及生物量较小，以水丝蚓出现频率最高，其次为扁旋螺和静水椎实螺。最大分类单元数出现在9号样点（8种），其中4号样点未检出底栖动物。河水混浊、河床受泥沙冲蚀及挖沙等人为干扰可能是底栖动物生物量减少的主要原因。

不同样点的大型底栖动物定量调查结果具体见表3-2至表3-13所示。

表3-2　大型底栖动物定量调查结果（1）

样品编号：1　　　　　　样点名称：民和湟水桥　　　　　　采样时间：2018.9.8

门	纲	目	科	属（种）	数量（个/m²）	生物量（g/m²）
软体动物门	双壳纲	蚌目	蚌科	蛏蚌属 *Solenaia sp.*	10	18.569 0
节肢动物门	昆虫纲	双翅目	摇蚊科	绿色长跗摇蚊 *Tanytarsus viridiventris*	10	0.008 0
合计					20	18.577 0
EPT科级分类单元数					0	
所有科级分类单元数					2	
最优势种个体数 N_{max}（每平方米）					10	
最低鉴定分类水平所有个体数 N（每平方米）					20	
BMWP指数=$\sum t_i$					8	

表3-3　大型底栖动物定量调查结果（2）

样品编号：2　　　　　　样点名称：大通河支流（享堂桥）　　　　　　采样时间：2018.9.8

门	纲	目	科	属（种）	数量（个/m²）	生物量（g/m²）
环节动物门	寡毛纲	近孔寡毛目	颤蚓科	水丝蚓属 *Limnodrilus sp.*	840	0.628 0
合计					840	0.628 0
EPT科级分类单元数					0	
所有科级分类单元数					1	
最优势种个体数 N_{max}（每平方米）					840	
最低鉴定分类水平所有个体数 N（每平方米）					840	
BMWP指数=$\sum t_i$					1	

表3-4 大型底栖动物定量调查结果（3）

样品编号：3　　　　样点名称：大通河与湟水交汇处　　　　采样时间：2018.9.8

门	纲	目	科	属(种)	数量 （个/m²）	生物量 （g/m²）
软体动物门	腹足纲	基眼目	椎实螺科	静水椎实螺 *Lymnaea sragnali*	20	0.083 0
			扁卷螺科	圆扁螺属 *Hippeutis sp.*	20	0.035 6
				扁旋螺 *Gyraulus compressus*	20	0.198 9
		中腹足目	拟沼螺科	拟沼螺属 *Lutea sp.*	20	0.234 4
合计					80	0.551 9
EPT科级分类单元数					0	
所有科级分类单元数					3	
最优势种个体数 N_{max}（每平方米）					20	
最低鉴定分类水平所有个体数 N（每平方米）					80	
BMWP指数 $=\sum t_i$					15	

表3-5 大型底栖动物定量调查结果（4）

样品编号：4　　　　样点名称：团结大桥（下游20 m）　　　　采样时间：2018.9.8

门	纲	目	科	属(种)	数量 （个/m²）	生物量 （g/m²）
					0	0
合计					0	0
EPT科级分类单元数					0	
所有科级分类单元数					0	
最优势种个体数 N_{max}（每平方米）					0	
最低鉴定分类水平所有个体数 N（每平方米）					0	
BMWP指数 $=\sum t_i$					0	

表3-6 大型底栖动物定量调查结果（5）

样品编号：5　　　　　　　样点名称：红古村　　　　　　　采样时间：2018.9.8

门	纲	目	科	属（种）	数量（个/m²）	生物量（g/m²）
节肢动物门	昆虫纲	毛翅目	纹石蛾科	纹石蛾 *Phryganeidae hydropsychidae*	10	0.040 0
合计					10	0.040 0
EPT科级分类单元数					1	
所有科级分类单元数					1	
最优势种个体数 N_{max}（每平方米）					10	
最低鉴定分类水平所有个体数 N（每平方米）					10	
BMWP指数$=\sum t_i$					5	

表3-7 大型底栖动物定量调查结果（6）

样品编号：6　　　　　　　样点名称：柳家村（洞子站）　　　　　　　采样时间：2018.9.8

门	纲	目	科	属（种）	数量（个/m²）	生物量（g/m²）
环节动物门	寡毛纲	近孔寡毛目	颤蚓科	水丝蚓属 *Limnodrilus sp.*	30	0.068 0
软体动物门	腹足纲	基眼目	扁卷螺科	扁旋螺 *Gyraulus compressus*	20	0.045 6
			椎实螺科	土蜗属 *Galba sp.*	10	0.072 2
节肢动物门	昆虫纲	蜻蜓目	箭蜓科	未知种属	10	0.042 2
合计					70	0.228 0
EPT科级分类单元数					0	
所有科级分类单元数					4	
最优势种个体数 N_{max}（每平方米）					30	
最低鉴定分类水平所有个体数 N（每平方米）					70	
BMWP指数$=\sum t_i$					14	

表3-8 大型底栖动物定量调查结果（7）

样品编号：7　　　　　样点名称：花庄镇青土坡　　　　采样时间：2018.9.8

门	纲	目	科	属（种）	数量（个/m²）	生物量（g/m²）
环节动物门	寡毛纲	近孔寡毛目	颤蚓科	水丝蚓属 *Limnodrilus sp.*	30	0.065 0
合计					30	0.065 0
EPT科级分类单元数					0	
所有科级分类单元数					1	
最优势种个体数 N_{max}（每平方米）					30	
最低鉴定分类水平所有个体数 N（每平方米）					30	
BMWP指数$=\sum t_i$					1	

表3-9 大型底栖动物定量调查结果（8）

样品编号：8　　　　　样点名称：河嘴子　　　　采样时间：2018.10.1

门	纲	目	科	属（种）	数量（个/m²）	生物量（g/m²）
环节动物门	寡毛纲	近孔寡毛目	颤蚓科	水丝蚓属 *Limnodrilus sp.*	70	0.131 0
软体动物门	腹足纲	基眼目	扁卷螺科	扁旋螺 *Gyraulus compressus*	10	0.021 1
			椎实螺科	静水椎实螺 *Lymnaea sragnali*	10	0.067 8
合计					90	0.219 9
EPT科级分类单元数					0	
所有科级分类单元数					3	
最优势种个体数 N_{max}（每平方米）					70	
最低鉴定分类水平所有个体数 N（每平方米）					90	
BMWP指数$=\sum t_i$					7	

表3-10 大型底栖动物定量调查结果（9）

样品编号：9　　　　　样点名称：红城村　　　　　采样时间：2018.10.1

门	纲	目	科	属(种)	数量(个/m²)	生物量(g/m²)
软体动物门	腹足纲	柄眼目	巴蜗牛科	条华蜗牛 *Cathaica fasciola*	10	0.079 0
				正定平瓣蜗牛 *Platypetasus chentingensis*	10	3.053 3
		中腹足目	拟沼螺科	拟沼螺属 *Lutea sp.*	110	0.315 6
		基眼目	椎实螺科	静水椎实螺 *Lymnaea sragnali*	10	0.023 3
			扁卷螺科	扁旋螺 *Gyraulus compressus*	60	0.041 1
				圆扁螺属 *Hippeutis sp.*	110	0.131 1
环节动物门	寡毛纲	近孔寡毛目	颤蚓科	水丝蚓属 *Limnodrilus sp.*	140	0.221 1
			仙女虫科	参差仙女虫 *Nais variabilis*	10	0.006 7
合计					460	3.871 2
EPT科级分类单元数					0	
所有科级分类单元数					8	
最优势种个体数 N_{max}（每平方米）					140	
最低鉴定分类水平所有个体数 N（每平方米）					460	
BMWP指数= $\sum t_i$					29	

表3-11 大型底栖动物定量调查结果（10）

样品编号：10　　　　　样点名称：平安电站　　　　　采样时间：2018.10.1

门	纲	目	科	属(种)	数量(个/m²)	生物量(g/m²)
环节动物门	寡毛纲	近孔寡毛目	颤蚓科	水丝蚓属 *Limnodrilus sp.*	60	0.095 0
软体动物门	腹足纲	基眼目	扁卷螺科	圆扁螺属 *Hippeutis sp.*	10	0.020 0
			椎实螺科	静水椎实螺 *Lymnaea sragnali*	10	0.076 7
		柄眼目	巴蜗牛科	条华蜗牛 *Cathaica fasciola*	10	0.034 4
合计					90	0.226 1
EPT科级分类单元数					0	

门	纲	目	科	属（种）	数量（个/m²)	生物量（g/m²)
所有科级分类单元数					4	
最优势种个体数 N_{max}（每平方米）					60	
最低鉴定分类水平所有个体数 N（每平方米）					90	
BMWP指数 $=\sum t_i$					13	

表3-12　大型底栖动物定量调查结果（11）

样品编号：11　　　　　样点名称：兰亚铝业有限责任公司　　　　　采样时间：2018.10.1

门	纲	目	科	属（种）	数量（个/m²)	生物量（g/m²)
环节动物门	寡毛纲	近孔寡毛目	颤蚓科	水丝蚓属 Limnodrilus sp.	10	0.017 0
节肢动物门	昆虫纲	双翅目	摇蚊科	摇蚊属 Tandipus sp.	10	0.005 6
合计					20	0.022 6
EPT科级分类单元数					0	
所有科级分类单元数					2	
最优势种个体数 N_{max}（每平方米）					10	
最低鉴定分类水平所有个体数 N（每平方米）					20	
BMWP指数 $=\sum t_i$					3	

表3-13　大型底栖动物定量调查结果（12）

样品编号：12　　　　　样点名称：湟水大桥（焦家村）　　　　　采样时间：2018.9.9

门	纲	目	科	属（种）	数量（个/m²)	生物量（g/m²)
节肢动物门	昆虫纲	蜻蜓目	蜓科	蜓 Aeshna corduliidae	16	0.681 1
		双翅目	毛蠓科	未知种属	32	0.360 0
软体动物门	腹足纲	中腹足目	拟沼螺科	拟沼螺属 Lutea sp.	32	0.100 0
		基眼目	椎实螺科	萝卜螺属 Radix sp.	32	0.026 7

续表3-13

门	纲	目	科	属（种）	数量（个/m²）	生物量（g/m²）
环节动物门	寡毛纲	近孔寡毛目	颤蚓科	颤蚓属 Tubifex sp.	48	10.688 9
合计					160	11.856 7
EPT科级分类单元数					0	
所有科级分类单元数					5	
最优势种个体数 N_{max}（每平方米）					48	
最低鉴定分类水平所有个体数 N（每平方米）					160	
BMWP指数=$\sum t_i$					25	

3.2.2 藻类定量调查结果

本次调查，在12个样点共检出130种（属）浮游藻类（表3-14），每个样点浮游藻类种类数在10～40种之间。各样点浮游藻类种类组成、密度及生物量具体情况见表3-15至表3-26所示。

表3-14 藻类名录及分布

分类名称			样点											
		1	2	3	4	5	6	7	8	9	10	11	12
蓝藻门	色球藻属 Chroococcus sp.	+											
	小形色球藻 Chroococcus minor					+		+		+	+	+	+
	隐杆藻属 Aphanothece sp.							+					
	平裂藻属 Merismopedia sp.								+				
	微囊藻属 Microcystis sp.	+			+								
	水华微囊藻 Microcystis flos-aquae								+		+		
	具缘微囊藻 Microcystis marginata		+	+									
	腔球藻属 Coelosphaerium sp.		+	+									
	鱼腥藻属 Anabaena sp.				+	+							
	螺旋鱼腥藻 Anabaena spiroides									+			
	颤藻属 Oscillatoria sp.			+							+	+	
	美丽颤藻 Oscillatoria formosa												+
硅藻门	三角藻属 Triceratium sp.							+					
	蜂窝三角藻 Triceratium favus			+	+								
	小环藻属 Cyclotella sp.								+				
	直链藻属 Melosira sp.									+			+
	根管藻属 Rhizosolenia sp.											+	

续表3-14

分类名称		样点											
		1	2	3	4	5	6	7	8	9	10	11	12
硅藻门	等片藻属 Diatoma sp.	+							+	+	+	+	
	楔形藻属 Licmophora sp.		+	+									
	针杆藻属 Synedra sp.								+		+		
	海洋斑条藻 Grammatophora marina							+					
	肘状针杆藻 Synedra ulna				+								
	近缘针杆藻 Synedra affus							+		+	+		
	优美曲壳藻 Achnanthes delicatula				+								
	盾形卵形藻 Cocconeis scutellum						+						
	篦形短壳缝藻 Eunoria pectinalis										+		
	舟形藻属 Navicula sp.	+	+							+	+		
	绿舟形藻 Navicula viridula	+	+	+	+								
	扁圆舟形藻 Navicula placentula									+	+		
	喙头舟形藻 Navicula rhynchocephala									+			
	缘花舟形藻 Navicula radiosa					+							
	美丽双壁藻 Diploneis puella					+							
	相似曲舟藻 Pleurosigma affine				+								
	羽纹藻属 Pinnularia sp.										+	+	

分类名称		样点											
		1	2	3	4	5	6	7	8	9	10	11	12
	大羽纹藻 Pinnularia major	+											
	绿羽纹藻 Pinnularia viridis												+
	北方羽纹藻 Pinnularia borealis												
	桥弯藻属 Cymbella sp.			+		+			+		+		
	偏肿桥弯藻 Cymbella ventricosa	+	+	+		+			+	+			+
	披针形桥弯藻 Cymbella lanceolata		+										
	新月形桥弯藻 Cymbella cymbiformis		+										
	舟形桥弯藻 Cymbella naviculiformis				+	+							
硅藻门	月形藻属 Amphora sp.											+	
	透明月形藻 Amphora hyalina				+								
	椭圆月形藻 Amphora ovalis				+								
	微细异端藻 Gomphonema parvulum		+	+	+					+			
	尖异端藻 Gomphonemaacuminatum			+	+								
	缢缩异端藻 Gomphonema constrictum				+	+							
	菱形藻属 Nitzschia sp.	+											
	帽形菱形藻 Nitzschia palea	+										+	
	扰螺形菱形藻 Nitzschia sigmoidea			+									

续表3-14

门	分类名称	样点											
		1	2	3	4	5	6	7	8	9	10	11	12
硅藻门	针状菱形藻 Nitzschia acicularis				+								
	卵形双菱藻 Surirella ovata				+								
	粗壮双菱藻 Surirella robusta										+		
	膨大窗纹藻 Epithemia turgida			+		+							
	衣藻属 Chlamydomonas sp.				+				+	+			+
	卵形衣藻 Chlamydomonas ovalis	+											
	球衣藻 Chlamydomonas globosa			+									
	空球藻属 Eudorina sp.			+									
绿藻门	泡状胶囊藻 Gloeocystis vesiculosa	+		+	+		+	+					
	普通小球藻 Chlorella vulgaris	+	+	+			+						+
	椭圆小球藻 Chlorella ellipsoidea	+		+									+
	蛋白核小球藻 Chlorella pyrenoidesa												+
	小型月牙藻 Selenastrum minutum			+				+					
	四角藻属 Tetraedron sp.						+	+	+		+		
	具尾四角藻 Tetraedron caudatum		+										
	微小四角藻 Tetraedron minimum			+									
	规则四角藻 Tetraedron regulare												+

续表3-14

门	分类名称	样点											
		1	2	3	4	5	6	7	8	9	10	11	12
	载形四角藻 Tetraedron hastatum												+
	三角四角藻 Tetraedron trigonum			+									
	三叶四角藻 Tetraedrom trilobulatum				+								
	蹄形藻属 Kirchneriella sp.	+											
	蹄形藻 Kirchneriella lunaris		+										
	肥壮蹄形藻 Kirchneriella obesa				+								
	小椿藻属 Characium sp.									+		+	
	卵形小椿藻 Characium brunthaleri			+									+
	近直小椿藻 Characium subtrictum			+	+								+
	喙口小椿藻 Characium rostratum		+										
绿藻门	绿球藻属 Chlorococcum sp.	+					+	+	+				
	卵囊藻属 Oocystis sp.								+				
	湖生卵囊藻 Oocystis lacustris		+	+									
	单生卵囊藻 Oocystis solitaria				+		+						
	小型卵囊藻 Oocystis parva								+			+	
	椭圆卵囊藻 Oocystis elliptica										+		
	空星藻属 Coelastrum sp.			+	+					+			

续表3-14

	分类名称	样点												
		1	2	3	4	5	6	7	8	9	10	11	12
绿藻门	空星藻 Coelastrum sphaericum												+
	莹空星藻 Coelastrum cambricum												+
	小孢空星藻 Coelastrum microporum		+										
	水网藻属 Hydrodictyon sp.				+							+	
	水网藻 Hydrodictyon reticulatum										+		
	美丽胶网藻 Dictosphaerium pulchellum	+					+						
	盘星藻属 Pediastrum sp.				+							+	
	双射盘星藻 Pediastrum biradiatum											+	
	四角盘星藻 Pediastrum tetras			+							+		
	栅藻属 Scenedesmus sp.				+				+		+		
	被甲栅藻 Scenedesmus armatus		+	+			+	+					
	十字藻 Crucigenia apiculala		+				+					+	
	四足十字藻 Crucigenia terapedia				+			+					
	四角十字藻 Crucigenia quadrata				+								+
	华美十字藻 Crucigenia auterbornei								+				
	鼓藻属 Cosmarium sp.	+		+	+				+				

分类名称		1	2	3	4	5	6	7	8	9	10	11	12
							样点						
绿藻门	新月藻属 Closterium sp.	+	+	+									
	梭形鼓藻属 Netrium sp.	+	+										
隐藻门	卵形隐藻 Cryptomonas ovata	+	+		+	+							
	啮蚀隐藻 Cryptomonas erosa					+					+		
黄藻门	草履缘胞藻 Chilomonas paramaecium			+									
	扁形膝口藻 Gonyostomum depressum			+									
裸藻门	裸藻属 Euglena sp.	+			+							+	
	囊裸藻属 Trachelomonas sp.			+				+					+
	矩圆囊裸藻 Trachelomonas oblonga		+	+						+		+	
	密集囊裸藻 Trachelomonas crebea					+				+	+	+	
	扁裸藻属 Phacus sp.			+				+					
	瓜形扁裸藻 Phacus oryx			+			+				+		
	陀螺藻属 Strombomonas sp.			+				+		+			
	具瘤陀螺藻 Strombomonas verrucosa				+								
	鳞孔藻属 Lepocinclis sp.					+							+
甲藻门	原甲藻属 Prorocentrum sp.					+		+					
	薄甲藻 Glenodinium pulvisculus	+										+	

续表3-14

分类名称		样点											
		1	2	3	4	5	6	7	8	9	10	11	12
甲藻门	裸甲藻属 *Gymnodinium sp.*					+						+	
	裸甲藻 *Gymnodinium aeruginosum*			+	+								+
	腰带裸甲藻 *Gymnodinium pcinctum*				+								
	链状裸甲藻 *Gymnodinium catenatum*					+							
	真蓝裸甲藻 *Gymnodinium eucyaneum*			+	+			+					
	翅甲藻属 *Dinophysis sp.*							+				+	
	渐尖翅甲藻 *Dinophysis acuminata*					+							
	环沟藻属 *Gyrodinium sp.*									+			
	多环旋沟藻 *Cochlodinium polykrikoides*			+									
	多甲藻属 *Peridinium sp.*	+											
	薄甲藻属 *Glenodinium sp.*		+										
	尖尾膝沟藻 *Gonyaulax apiculata*				+								
合计	130(种)	24	22	40	36	17	10	17	15	17	20	20	20

注："+"表示有分布。

表 3-15 藻类定量调查结果（1）

样品编号：1　　　　　　样点名称：民和湟水桥　　　　　　采样时间：2018.9.8

门	纲	目	科	属（种）	密度 （万/L）	生物量 （mg/L）
蓝藻门	蓝藻纲	蓝球藻目	色球藻科	色球藻属 *Chroococcus sp.*	0.24	0.000 48
				微囊藻属 *Microcystis sp.*	0.12	0.078 0
硅藻门	羽纹纲	无壳缝目	平板藻科	等片藻属 *Diatoma sp.*	0.12	0.003 6
		双壳缝目	舟形藻科	舟形藻属 *Navicula sp.*	0.12	0.007 2
				绿舟形藻 *Navicula viridula*	0.12	0.003 6
				大羽纹藻 *Pinnulariamajory*	0.12	0.050 4
			桥弯藻科	偏肿桥弯藻 *Cymbellaventricosa*	0.12	0.002 4
		管壳缝目	菱形藻科	菱形藻属 *Nitzschia sp.*	0.24	0.002 4
				帽形菱形藻 *Nitzschia palea*	0.12	0.001 2
绿藻门	绿藻纲	团藻目	衣藻科	卵形衣藻 *Chlamydomonas ovalis*	0.12	0.001 2
		四孢藻目	四集藻科	泡状胶囊藻 *Gloeocystis vesiculosa*	0.12	0.000 048
		绿球藻目	小球藻科	普通小球藻 *Chlorella vulgaris*	0.48	0.000 096
				椭圆小球藻 *Chlorella ellipsoidea*	0.24	0.000 048
				四角藻属 *Tetraedron sp.*	0.24	0.000 72
				蹄形藻属 *Kirchneriella sp.*	0.12	0.000 06
				绿球藻属 *Chlorococcum sp.*	0.12	0.000 6
			水网藻科	盘星藻属 *Pediastrum sp.*	0.24	0.001 44
	接合藻纲	鼓藻目	鼓藻科	鼓藻属 *Cosmarium sp.*	0.12	0.000 06
				新月藻属 *Closterium sp.*	0.12	0.009 6
		中带藻目	中带藻科	梭形鼓藻属 *Netrium sp.*	0.12	0.009 6
隐藻门	隐藻纲	隐鞭藻目	隐鞭藻科	卵形隐藻 *Cryptomonas ovata*	0.12	0.002 4

续表3-15

门	纲	目	科	属（种）	密度 （万/L）	生物量 （mg/L）
甲藻门	甲藻纲	多甲藻目	薄甲藻科	薄甲藻 *Glenodinium pulvisculus*	0.12	0.004 8
			多甲藻科	多甲藻属 *Peridinium sp.*	0.12	0.006 0
裸藻门	裸藻纲	裸藻目	裸藻科	囊裸藻属 *Trachelomonas sp.*	0.12	0.000 024
合计					3.84	0.193 4
总分类单元数（种数）					24	
最优势种个体数（每升）					4 800	
最低鉴定分类水平（种属）所有个体数（每升）					38 400	

表3-16 藻类定量调查结果（2）

样品编号：2　　　　　样点名称：大通河支流（享堂桥）　　　　　采样时间：2018.9.8

门	纲	目	科	属（种）	密度 （万个/L）	生物量 （mg/L）
蓝藻门	蓝藻纲	蓝球藻目	色球藻科	水华微囊藻 *Microcystis flos-aquae*	0.12	0.078
				具缘微囊藻 *Microcystis marginata*	0.12	0.078
硅藻门	羽纹纲	无壳缝目	平板藻科	楔形藻属 *Licmophora sp.*	0.12	0.003 6
		双壳缝目	舟形藻科	舟形藻属 *Navicula sp.*	0.48	0.144
				绿舟形藻 *Navicula viridula*	0.12	0.003 6
			桥弯藻科	偏肿桥弯藻 *Cymbella ventricosa*	0.24	0.004 8
				披针形桥弯藻 *Cymbella lanceolata*	0.12	0.002 4
				新月形桥弯藻 *Cymbella cymbiformis*	0.12	0.002 4
			异极藻科	微细异端藻 *Gomphonema parvulum*	0.12	0.001 2
隐藻门	隐藻纲	隐鞭藻目	隐鞭藻科	卵形隐藻 *Cryptomonas ovata*	0.12	0.002 4
甲藻门	甲藻纲	原甲藻目	薄甲藻科	薄甲藻属 *Glenodinium sp.*	0.12	0.004 8

门	纲	目	科	属(种)	密度(万个/L)	生物量(mg/L)
裸藻门	裸藻纲	裸藻目	裸藻科	矩圆囊裸藻 *Trachelomonas oblonga*	0.12	0.000 24
绿藻门	绿藻纲	绿球藻目	小球藻科	普通小球藻 *Chlorella vulgaris*	0.12	0.000 024
				具尾四角藻 *Tetraedron caudatum*	0.12	0.000 36
				蹄形藻 *Kirchneriella lunaris*	0.12	0.000 06
			小椿藻科	喙口小椿藻 *Characium rostratum*	0.12	0.000 96
			卵囊藻科	湖生卵囊藻 *Oocystis lacustris*	0.12	0.000 6
			栅藻科	被甲栅藻 *Scenedesmus armatus*	0.12	0.000 06
				十字藻 *Crucigenia apiculala*	0.12	0.000 12
			空星藻科	小孢空星藻 *Coelastrum microporum*	0.12	0.000 36
	接合藻纲	鼓藻目	鼓藻科	新月藻属 *Closterium sp.*	0.12	0.009 6
		中带藻目	中带藻科	梭形鼓藻属 *Netrium sp.*	0.12	0.009 6
合计					3.12	0.347 2
总分类单元数(种数)					22	
最优势种个体数(每升)					4 800	
最低鉴定分类水平(种属)所有个体数(每升)					31 200	

表3-17 藻类定量调查结果（3）

样品编号：3　　　　　　样点名称：大通河与湟水交汇处　　　　　采样时间：2018.9.8

门	纲	目	科	属(种)	密度(万个/L)	生物量(mg/L)
蓝藻门	蓝藻纲	蓝球藻目	色球藻科	腔球藻属 *Coelosphaerium sp.*	0.12	0.000 006
				具缘微囊藻 *Microcystis marginata*	0.06	0.039

续表 3-17

门	纲	目	科	属(种)	密度 (万个/L)	生物量 (mg/L)
		颤藻目	颤藻科	颤藻属 Oscillatoria sp.	0.12	0.00 12
	中心纲	盒形藻目	盒形藻科	蜂窝三角藻 Triceratium favus	0.06	0.000 6
硅藻门	羽纹纲	无壳缝目	平板藻科	楔形藻属 Nitzschia sp.	0.06	0.001 8
		管壳缝目	菱形藻科	拟螺形菱形藻 Nitzschia sigmoidea	0.06	0.000 6
			窗纹藻科	膨大窗纹藻 Epithemia turgida	0.06	0.001 2
		双壳缝目	舟形藻科	绿舟形藻 Navicula viridula	0.06	0.001 8
			桥弯藻科	桥弯藻属 Cymbella sp.	0.06	0.001 2
				偏肿桥弯藻 Cymbella ventricosa	0.06	0.001 2
			异极藻科	尖异端藻 Gomphonema acuminatum	0.03	0.000 3
				微细异端藻 Gomphonema parvulum	0.03	0.000 3
绿藻门	绿藻纲	团藻目	衣藻科	球衣藻 Chlamydomonasglobosa	0.06	0.000 6
			团藻科	空球藻属 Eudorina sp.	0.06	0.001 2
		绿球藻目	小球藻科	普通小球藻 Chlorella vulgaris	0.06	0.000 012
				椭圆小球藻 Chlorella ellipsoidea	0.06	0.000 012
				小型月牙藻 Selenastrum minutum	0.06	0.000 06
				微小四角藻 Tetraedron minimum	0.06	0.000 18
				具尾四角藻 Tetraedron caudatum	0.06	0.000 18
				三角四角藻 Tetraedron trigonum	0.06	0.000 18
			小椿藻科	卵形小椿藻 Characium brunthaleri	0.06	0.000 48
				近直小椿藻 Characium subtrictum	0.06	0.000 48
			空星藻科	空星藻属 Coelastrum sp.	0.06	0.000 18
			水网藻科	四角盘星藻 Pediastrum tetras	0.06	0.000 12

门	纲	目	科	属（种）	密度（万个/L）	生物量（mg/L）
绿藻门	绿藻纲	绿球藻目	卵囊藻科	湖生卵囊藻 *Oocystis lacustris*	0.06	0.000 3
				单生卵囊藻 *Oocystis solitaria*	0.06	0.000 12
			栅藻科	被甲栅藻 *Scenedesmus armatus*	0.06	0.000 03
		四孢藻目	四集藻科	泡状胶囊藻 *Gloeocystis vesiculosa*	0.06	0.000 024
	接合藻纲	鼓藻目	鼓藻科	鼓藻属 *Cosmarium sp.*	0.06	0.000 03
				新月藻属 *Closterium sp.*	0.06	0.004 8
甲藻门	甲藻纲	多甲藻目	裸甲藻科	多环旋沟藻 *Cochlodinium polykrikoides*	0.06	0.005 4
				真蓝裸甲藻 *Gymnodinium eucyaneum*	0.06	0.004 8
				裸甲藻 *Gymnodinium aeruginosum*	0.06	0.004 8
隐藻门	隐藻纲	隐鞭藻目	隐鞭藻科	草履缘胞藻 *Chilomonas paramaecium*	0.06	0.000 12
黄藻门	绿胞藻纲	绿胞藻目	膝口藻科	扁形膝口藻 *Gonyostomum depressum*	0.06	0.003
裸藻门	裸藻纲	裸藻目	裸藻科	瓜形扁裸藻 *Phacus oryx*	0.06	0.001 8
				扁裸藻属 *Phacus sp.*	0.06	0.004 8
				囊裸藻属 *Trachelomonas sp.*	0.06	0.007 2
				矩圆囊裸藻 *Trachelomonas oblonga*	0.06	0.000 12
				陀螺藻属 *Strombomonas sp.*	0.06	0.002 4
合计					2.46	0.082 43
总分类单元数（种数）					40	
最优势种个体数（每升）					1 200	
最低鉴定分类水平（种属）所有个体数（每升）					24 600	

表3-18 藻类定量调查结果（4）

样品编号：4　　　　　　　样点名称：团结大桥（下游20 m）　　　　采样时间：2018.9.8

门	纲	目	科	属(种)	密度 （万个/L）	生物量 （mg/L）
蓝藻门	蓝藻纲	蓝球藻目	色球藻科	微囊藻属 *Microcystis sp.*	0.12	0.078 0
		念珠藻目	念珠藻科	鱼腥藻属 *Anbaena sp.*	0.12	0.000 006
硅藻门	中心纲	盒形藻目	盒形藻科	蜂窝三角藻 *Triceratium favus*	0.12	0.001 2
	羽纹纲	无壳缝目	脆杆藻科	肘状针杆藻 *Synedra ulna*	0.12	0.007 2
		单壳缝目	单壳藻科	优美曲壳藻 *Achnanthes delicatula*	0.12	0.007 2
		双壳缝目	舟形藻科	舟形藻属 *Navicula sp.*	0.24	0.007 2
				绿舟形藻 *Navicula viridula*	0.12	0.003 6
				相似曲舟藻 *Pleurosigma affine*	0.12	0.028 2
			桥弯藻科	透明月形藻 *Amphora hyalina*	0.12	0.002 4
				椭圆月形藻 *Amphora ovalis*	0.24	0.014 4
				舟形桥弯藻 *Cymbella naviculiformis*	0.12	0.000 12
			异极藻科	尖异端藻 *Gomphonema acuminatum*	0.12	0.001 2
				微细异端藻 *Gomphonema parvulum*	0.24	0.002 4
				缢缩异端藻 *Gomphonema constrictum*	0.12	0.001 2
		管壳缝目	菱形藻科	针状菱形藻 *Nitzschia acicularis*	0.12	0.001 2
			双菱藻科	卵形双菱藻 *Surirella ovata*	0.12	0.002 4
绿藻门	绿藻纲	团藻目	衣藻科	衣藻属 *Chlamydomonas sp.*	0.12	0.001 2
		四孢藻目	四集藻科	泡状胶囊藻 *Gloeocytis vesiculosa*	0.12	0.000 48
		绿球藻目	小球藻科	肥壮蹄形藻 *Kirchneriella obesa*	0.12	0.000 12
				三叶四角藻 *Tetraedrom trilobulatum*	0.12	0.000 36
			小椿藻科	近直小椿藻 *Characium subtrictum*	0.12	0.000 96

门	纲	目	科	属(种)	密度 (万个/L)	生物量 (mg/L)
绿藻门	绿藻纲	绿球藻目	卵囊藻科	单生卵囊藻 *Oocystis solitaria*	0.24	0.000 48
			水网藻科	水网藻属 *Hydrodictyon sp.*	0.48	0.028 8
				盘星藻属 *Pediastrum sp.*	0.12	0.007 2
			空星藻科	空星藻属 *Coelastrum sp.*	0.24	0.000 72
				空星藻 *Coelastrum sphaericum*	0.12	0.000 36
			栅藻科	四足十字藻 *Crucigenia terapedia*	0.12	0.000 12
				四角十字藻 *Crucigenia quadrata*	0.12	0.000 12
	接合藻纲	鼓藻目	鼓藻科	鼓藻属 *Cosmarium sp.*	0.12	0.000 06
裸藻门	裸藻纲	裸藻目	裸藻科	裸藻属 *Euglena sp.*	0.12	0.009 6
				鳞孔藻属 *Lepocinclis sp.*	0.12	0.003 6
甲藻门	甲藻纲	多甲藻目	裸甲藻科	裸甲藻 *Glenodinium aeruginosum*	0.24	0.019 2
				真蓝裸甲藻 *Glenodinium eucyaneum*	0.12	0.009 6
			薄甲藻科	腰带裸甲藻 *Gymnodinium pcinctum*	0.12	0.004 8
			膝沟藻科	尖尾膝沟藻 *Gonyaulax apiculata*	0.12	0.010 8
隐藻门	隐藻纲	隐鞭藻目	隐鞭藻科	卵形隐藻 *Cryptomonas ovata*	0.12	0.002 4
合计					5.4	0.246 6
总分类单元数(种数)					36	
最优势种个体数(每升)					4 800	
最低鉴定分类水平(种属)所有个体数(每升)					54 000	

表3-19 藻类定量调查结果（5）

样品编号：5　　　　　　样点名称：红古村　　　　　　采样时间：2018.9.8

门	纲	目	科	属（种）	密度（万个/L）	生物量（mg/L）
蓝藻门	蓝藻纲	蓝球藻目	色球藻科	小形色球藻 Chroococcus minor	0.12	0.000 088 8
		念珠藻目	念珠藻科	鱼腥藻属 Anbaena sp.	0.12	0.000 006
硅藻门	羽纹纲	管壳缝目	窗纹藻科	膨大窗纹藻 Epithemia turgida	0.36	0.002 4
		双壳缝目	舟形藻科	喙头舟形藻 Navicula rhynchocephala	0.12	0.003 6
				美丽双壁藻 Diploneis puella	0.12	0.050 4
			桥弯藻科	偏肿桥弯藻 Cymbella ventricosa	0.12	0.002 4
				舟形桥弯藻 Cymbella naviculiformis	0.12	0.000 12
				桥弯藻属 Cymbella sp.	0.12	0.002 4
			异极藻科	缢缩异端藻 Gomphonema constrictum	0.12	0.001 2
甲藻门	甲藻纲	多甲藻目	翅甲藻科	渐尖翅甲藻 Dinophysis acuminata	0.12	0.009 6
			裸甲藻科	链状裸甲藻 Gymnodinium catenatum	0.12	0.000 96
				裸甲藻属 Gymnodinium sp.	0.12	0.009 6
			薄甲藻科	薄甲藻 Glenodinium pulvisculus	0.12	0.004 8
隐藻门	隐藻纲	隐鞭藻目	隐鞭藻科	啮蚀隐藻 Cryptomonas erosa	0.12	0.002 4
				卵形隐藻 Cryptomonas ovata	0.12	0.002 4
裸藻门	裸藻纲	裸藻目	裸藻科	密集囊裸藻 Trachelomonas crebea	0.24	0.000 48
				鳞孔藻属 Lepocinclis sp.	0.12	0.003 6
合计					2.4	0.096 5
总分类单元数（种数）					17	
最优势种个体数（每升）					3 600	
最低鉴定分类水平(种属)所有个体数(每升)					24 000	

表3-20 藻类定量调查结果（6）

样品编号：6 　　　　　 样点名称：柳家村（洞子站） 　　　　　 采样时间：2018.9.8

门	纲	目	科	属(种)	密度 （万个/L）	生物量 （mg/L）
硅藻门	羽纹纲	单壳缝目	曲壳藻科	盾形卵形藻 *Cocconeis scutellum*	0.12	0.007 2
绿藻门	绿藻纲	四孢藻目	四集藻科	泡状胶囊藻 *Gloeocytis vesiculosa*	0.12	0.000 12
		绿球藻目	小球藻科	普通小球藻 *Chlorella vulgaris*	0.12	0.000 24
				四角藻属 *Tetraedron sp.*	0.12	0.000 36
			绿球藻科	绿球藻属 *Chlorococcum sp.*	0.24	0.001 2
			卵囊藻科	单生卵囊藻 *Oocystis solitaria*	0.12	0.000 12
			胶网藻科	美丽胶网藻 *Dictosphaerium pulchellum*	0.24	0.000 24
			栅藻科	被甲栅藻 *Scenedesmus armatus*	0.12	0.000 06
				十字藻 *Cruccigenia apiculala*	0.12	0.000 12
裸藻门	裸藻纲	裸藻目	裸藻科	瓜形扁螺藻 *Phacus oryx*	0.12	0.003 6
合计					1.44	0.013 26
总分类单元数(种数)					10	
最优势种个体数(每升)					2 400	
最低鉴定分类水平(种属)所有个体数(每升)					14 400	

表3-21 藻类定量调查结果（7）

样品编号：7 　　　　　 样点名称：花庄镇青土坡 　　　　　 采样时间：2018.9.8

门	纲	目	科	属(种)	密度 （万个/L）	生物量 （mg/L）
蓝藻门	蓝藻纲	蓝球藻目	色球藻科	小形色球藻 *Chroococcus minor*	0.36	0.000 266
				隐杆藻属 *Aphanothece sp.*	0.12	0.000 007 2
硅藻门	中心纲	盒形藻目	盒形藻科	三角藻属 *Triceratium sp.*	0.12	0.001 2
	羽纹纲	无壳缝目	平板藻科	海洋斑条藻 *Grammatophora marina*	0.12	0.003 6
			脆杆藻科	近缘针杆藻 *Synedra affiis*	0.12	0.007 2

续表3-21

门	纲	目	科	属(种)	密度(万个/L)	生物量(mg/L)
绿藻门	绿藻纲	四孢藻目	四集藻科	泡状胶囊藻 *Gloeocytis vesiculosa*	0.24	0.000 048
		绿球藻目	小球藻科	四角藻属 *Tetraedron sp.*	0.12	0.000 36
				小型月牙藻 *Selenastrum minutum*	0.24	0.000 24
			绿球藻科	绿球藻属 *Chlorococcum sp.*	0.12	0.000 6
			栅藻科	被甲栅藻 *Scenedesmus armatus*	0.12	0.000 06
				四角十字藻 *Crucigenia quadrata*	0.12	0.000 12
裸藻门	裸藻纲	裸藻目	裸藻科	陀螺藻属 *Strombomonas sp.*	0.12	0.004 8
				扁裸藻属 *Phacus sp.*	0.12	0.003 6
				囊裸藻属 *Trachelomonas sp.*	0.12	0.000 024
甲藻门	甲藻纲	多甲藻目	翅甲藻科	翅甲藻属 *Dinophysis sp.*	0.12	0.009 6
			裸甲藻科	真蓝裸甲藻 *Glenodinium eucyaneum*	0.12	0.009 6
				薄甲藻 *Glenodinium aeruginosum*	0.12	0.004 8
合计					2.52	0.046 3
总分类单元数(种数)					17	
最优势种个体数(每升)					3 600	
最低鉴定分类水平(种属)所有个体数(每升)					25 200	

表3-22 藻类定量调查结果(8)

样品编号：8　　　　　样点名称：河嘴子　　　　　采样时间：2018.10.1

门	纲	目	科	属(种)	密度(万个/L)	生物量(mg/L)
蓝藻门	蓝藻纲	蓝球藻目	色球藻科	水华微囊藻 *Merismopedia flos-aquae*	0.24	0.156
				平裂藻属 *Merismopedia sp.*	0.24	0.000 001 08
硅藻门	中心纲	圆筛藻目	圆筛藻科	小环藻属 *Cyclotella sp.*	0.24	0.001 68

门	纲	目	科	属(种)	密度 (万个/L)	生物量 (mg/L)
硅藻门	羽纹纲	无壳缝目	脆杆藻科	针杆藻属 Synedra sp.	0.12	0.007 2
			平板藻科	等片藻属 Diatoma sp.	0.24	0.007 2
		双壳缝目	桥弯藻科	桥弯藻属 Cymbella sp.	0.12	0.002 4
			桥弯藻科	偏肿桥弯藻 Cymbella ventricosa	0.12	0.002 4
绿藻门	绿藻纲	团藻目	衣藻科	衣藻属 Chlamydomonas sp.	0.12	0.001 2
		绿球藻目	小球藻科	四角藻属 Tetraedron sp.	0.36	0.001 08
			卵囊藻科	卵囊藻属 Oocystis sp.	0.24	0.001 2
				小形卵囊藻 Oocystis parva	0.12	0.002 4
			绿球藻科	绿球藻属 Chlorococcum sp.	0.12	0.000 6
			栅藻科	华美十字藻 Crucigenia lauterbornei	0.12	0.000 12
			水网藻科	盘星藻属 Pediastrum sp.	0.12	0.000 72
	接合藻纲	鼓藻目	鼓藻科	鼓藻属 Cosmarium sp.	0.24	0.000 12
合计					2.76	0.184 3
总分类单元数(种数)					15	
最优势种个体数(每升)					3 600	
最低鉴定分类水平(种属)所有个体数(每升)					27 600	

表3-23　藻类定量调查结果（9）

样品编号：9　　　　　　　样点名称：红城村　　　　　　　采样时间：2018.10.1

门	纲	目	科	属(种)	密度 (万个/L)	生物量 (mg/L)
蓝藻门	蓝藻纲	蓝球藻目	色球藻科	色球藻属 Chroococcus sp.	0.24	0.000 48
		念珠藻目	念珠藻科	螺旋鱼腥藻 Anabaena spiroides	0.12	0.000 06
硅藻门	中心纲	圆筛藻目	直链藻科	直链藻属 Melosira sp.	0.12	0.000 84
	羽纹纲	无壳缝目	脆杆藻科	近缘针杆藻 Synedra affiis	0.12	0.007 2

续表3-23

门	纲	目	科	属(种)	密度 (万个/L)	生物量 (mg/L)
硅藻门	羽纹纲	无壳缝目	平板藻科	等片藻属 *Diatoma sp.*	0.12	0.003 6
		羽纹目	舟形藻科	绿舟形藻 *Navicula viridula*	0.12	0.003 6
				扁圆舟形藻 *Navicula placentula*	0.12	0.003 6
				缘花舟形藻 *Navicula radiosa*	0.12	0.003 6
				北方羽纹藻 *Pinnularia borealis*	0.12	0.050 4
			桥弯藻科	偏肿桥弯藻 *Cymbella ventricosa*	0.24	0.004 8
			异极藻科	微细异端藻 *Gomphonema parvulum*	0.12	0.001 2
绿藻门	绿藻纲	团藻目	衣藻科	衣藻属 *Chlamydomonas sp.*	0.12	0.001 2
		绿球藻目	小椿藻科	小椿藻属 *Characium sp.*	0.12	0.000 96
			空星藻科	空星藻属 *Coelastrum sp.*	0.12	0.000 36
甲藻门	甲藻纲	多甲藻目	裸甲藻科	环沟藻属 *Gyrodinium sp.*	0.12	0.010 8
裸藻门	裸藻纲	裸藻目	裸藻科	矩圆囊裸藻 *Trachelomonas oblonga*	0.24	0.000 48
				陀螺藻属 *Strombomonas sp.*	0.12	0.004 8
合计					2.4	0.097 98
总分类单元数(种数)					17	
最优势种个体数(每升)					2 400	
最低鉴定分类水平(种属)所有个体数(每升)					24 000	

表3-24 藻类定量调查结果 (10)

样品编号：10　　　　　样点名称：平安电站　　　　　采样时间：2018.10.1

门	纲	目	科	属(种)	密度 (万个/L)	生物量 (mg/L)
蓝藻门	蓝藻纲	蓝球藻目	色球藻科	水华微囊藻 *Microcytis flos-aquae*	0.12	0.078
				色球藻属 *Chroococcus sp.*	0.12	0.000 074 4
		颤藻目	颤藻科	颤藻属 *Oscillatoria sp.*	0.12	0.001 2

门	纲	目	科	属(种)	密度 (万个/L)	生物量 (mg/L)
硅藻门	羽纹纲	无壳缝目	脆杆藻科	针杆藻属 *Synedra sp.*	0.12	0.007 2
				近缘针杆藻 *Synedra affiis*	0.12	0.007 2
			平板藻科	等片藻属 *Diatoma sp.*	0.36	0.010 8
		短壳缝目	短缝藻科	蓖形短壳缝藻 *Eunoria pectinalis*	0.12	0.007 2
		双壳缝目	舟形藻科	舟形藻属 *Navicula sp.*	0.3	0.009
				羽纹藻属 *Pinnularia sp.*	0.12	0.050 4
				扁圆舟形藻 *Navicula placentula*	0.3	0.009
			桥弯藻科	桥弯藻属 *Cymbella sp.*	0.12	0.008 4
		管壳缝目	双菱藻科	粗壮双菱藻 *Surirella robusta*	0.12	0.002 4
绿藻门	绿藻纲	绿球藻目	小球藻科	四角藻属 *Tetraedron sp.*	0.12	0.002 4
			卵囊藻科	椭圆卵囊藻 *Oocystis elliptica*	0.12	0.000 36
			水网藻科	水网藻 *Hydrodictyon reticulatum*	0.12	0.000 36
				四角盘星藻 *Pediastrum tetras*	0.12	0.007 2
			栅藻科	栅藻属 *Scenedesmus sp.*	0.36	0.000 72
裸藻门	裸藻纲	裸藻目	裸藻科	扁裸藻属 *Phacus sp.*	0.12	0.000 06
				密集囊裸藻 *Trachelomonas crebea*	0.12	0.003 6
隐藻门	隐藻纲	隐鞭藻目	隐鞭藻科	啮蚀隐藻 *Cryptomonas erosa*	0.12	0.000 24
合计					3.36	0.208 2
总分类单元数(种数)					20	
最优势种个体数(每升)					3 600	
最低鉴定分类水平(种属)所有个体数(每升)					33 600	

表3-25 藻类定量调查结果（11）

样品编号：11　　　　样点名称：兰亚铝业有限责任公司　　　　采样时间：2018.10.1

门	纲	目	科	属（种）	密度 （万个/L）	生物量 （mg/L）
蓝藻门	蓝藻纲	蓝球藻目	色球藻科	色球藻属 *Chroococcus sp.*	0.12	0.000 24
		颤藻目	颤藻科	颤藻属 *Oscillatoria sp.*	0.12	0.001 2
硅藻门	中心纲	根管藻目	根管藻科	根管藻属 *Rhizosolenia sp.*	0.12	0.000 84
	羽纹纲	无壳缝目	平板藻科	等片藻属 *Diatoma sp.*	0.24	0.007 2
		管壳缝目	菱形藻科	菱形藻属 *Nitzschia sp.*	0.12	0.001 2
		双壳缝目	舟形藻科	羽纹藻属 *Pinnularia sp.*	0.24	0.100 8
			桥弯藻科	月形藻属 *Amphora sp.*	0.12	0.002 4
绿藻门	绿藻纲	绿球藻目	水网藻科	水网藻属 *Hydrodictyon sp.*	0.24	0.000 24
				双射盘星藻 *Pediastrum biradiatum*	0.12	0.000 24
				盘星藻属 *Pediastrum sp.*	0.12	0.000 72
			卵囊藻科	单生卵囊藻 *Oocystis solitaria*	0.12	0.000 24
			小椿藻科	小椿藻属 *Characium sp.*	0.12	0.000 96
			栅藻科	栅藻属 *Scenedesmus sp.*	0.12	0.000 06
甲藻门	甲藻纲	原甲藻目	原甲藻科	原甲藻属 *Prorocentrum sp.*	0.12	0.003 36
		多甲藻目	裸甲藻科	裸甲藻属 *Gymnodinium sp.*	0.24	0.019 2
			翅甲藻科	翅甲藻属 *Dinophysis sp.*	0.12	0.009 6
裸藻门	裸藻纲	裸藻目	裸藻科	矩圆囊裸藻 *Trachelomonas oblonga*	0.12	0.000 24
				密集囊裸藻 *Trachelomonas crebea*	0.12	0.000 24
				扁裸藻属 *Phacus sp.*	0.12	0.003 6
				裸藻属 *Euglena sp.*	0.12	0.009 6
合计					2.88	0.162 2
总分类单元数（种数）					20	
最优势种个体数（每升）					2 400	
最低鉴定分类水平（种属）所有个体数（每升）					28 800	

表3-26 藻类定量调查结果（12）

样品编号：12 样点名称：湟水大桥（焦家村） 采样时间：2018.9.9

门	纲	目	科	属(种)	密度（万个/L）	生物量（mg/L）
蓝藻门	蓝藻纲	蓝球藻目	色球藻科	小形色球藻 Chroococcus minor	0.12	0.000 088 8
		颤藻目	颤藻科	美丽颤藻 Oscillatoria formosa	0.12	0.001 2
硅藻门	中心纲	圆筛藻目	圆筛藻科	小环藻属 Cyclotella sp.	0.12	0.000 84
	羽纹纲	双壳缝目	桥弯藻科	偏肿桥弯藻 Cymbella ventricosa	0.12	0.002 4
			舟形藻科	绿羽纹藻 Pinnularia viridis	0.12	0.050 4
绿藻门	绿藻纲	团藻目	衣藻科	衣藻属 Chlamydomonas sp.	0.36	0.003 6
		绿球藻目	小球藻科	规则四角藻 Tetraedron regulare	0.12	0.000 36
				戟形四角藻 Tetraedron hastatum	0.12	0.000 36
				蛋白核小球藻 Chlorella pyrenoidesa	0.12	0.000 018
				椭圆小球藻 Chlorella ellipsoidea	0.12	0.000 024
				普通小球藻 Chlorella vulgaris	0.12	0.000 024
			小椿藻科	卵形小椿藻 Characium brunthaleri	0.12	0.000 96
				近直小椿藻 Characium subtictum	0.24	0.001 92
			空星藻科	空星藻 Coelastrum sphaericum	0.36	0.001 08
				室空星藻 Coelastrum cambricum	0.12	0.000 36
			绿球藻科	绿球藻属 Chlorococcum sp.	0.12	0.000 6
			栅藻科	四角十字藻 Crucigenia quadrata	0.12	0.000 12
裸藻门	裸藻纲	裸藻目	裸藻科	具瘤陀螺藻 Strombomonas verrucosa	0.24	0.009 6
				囊裸藻属 Trachelomonas sp.	0.24	0.000 48
甲藻门	甲藻纲	多甲藻目	裸甲藻科	裸甲藻 Gymnodinium aeruginosum	0.12	0.009 6
合计					3.24	0.084 0
总分类单元数（种数）					20	

续表3-26

门	纲	目	科	属(种)	密度 (万个/L)	生物量 (mg/L)
最优势种个体数(每升)					3 600	
最低鉴定分类水平(种属)所有个体数(每升)					32 400	

3.2.3 鱼类调查结果

本次调查，现场共捕获鱼类13种218尾（表3-27），重量为3 634 g，渔获物群落结构见表3-28所示，优势种类为鳅科鱼类。在下游河段，受外来物种污染较为严重，如麦穗鱼、黄颡鱼、鲫鱼、大鳞副泥鳅、泥鳅等均为外来入侵种，这些种类是由人工养殖环境中释放而来。通过走访当地渔业部门、群众、乡村干部和钓鱼爱好者获知，湟水干流鱼类资源量逐年在减少，每年鱼类集群出现的季节为7~8月，在下游靠近黄河交汇处，夏季偶尔可见从养殖环境中逃逸出来的虹鳟等肉食性鱼类和大规模鲇形目的鱼类（具体种类未知）。本次鱼类调查时已处深秋季节，不在鱼类集群活动的季节，因此，鱼类捕获量较少，一些种类可能未捕获到。

表3-27 湟水（红古段）鱼类名录

目	科别	中名	学名
鲤形目	鳅科	壮体高原鳅	*Triplophysa robusta*
		似鲶高原鳅	*Triplophysa siluroides*
		黄河高原鳅	*Triplophysa pappenheim*
		泥鳅	*Misgurnus anguillicau datus（Cantor）*
		大鳞副泥鳅	*Paramisgurnus dabryanus（Sauvage）*
		北方花鳅	*Cobitis gyanvei*
	鲤科	鲫	*Carassius auratus auratus（Linnaeus）*
		鳘条	*Hemiculter leuciclus（Basilewaky）*
		麦穗鱼	*Pseudorasbora parva（Temminch et Schlegel）*
		棒花鱼	*Abbottina revularis（Basilewsky）*
		花斑裸鲤	*Gymnocypris eckloni eckloni*
鲇形目	鲇科	鲇	*Siluridae asotus linnaeus*
	鲿科	黄颡鱼	*Pelteobagrus fulvidraco（Richardson）*
合计			13 种

表3-28 鱼类种类组成及群落结构

鱼类种名	样段1				样段2				样段3				样段4				全河段			
	尾数		渔获物重量		尾数		渔获物重量		尾数		渔获物重量		尾数		渔获物重量		尾数		渔获物重量	
	尾	%	g	%	尾	%	g	%	尾	%	g	%	尾	%	g	%	尾	%	g	%
鲅条	4	5.13	45.20	5.99	2	4.65	18.30	2.51	3	5.66	68.40	6.40	5	11.36	120.40	11.13	14	6.42	252.30	6.94
壮体高原鳅									4	7.55	70.20	6.56	8	18.18	150.30	13.89	12	5.50	220.50	6.07
似鲇高原鳅	5	6.41	144.60	19.17	13	30.23	480.32	65.93	21	39.62	791.30	73.99	11	25.00	580.60	53.67	50	22.94	1 996.82	54.95
黄河高原鳅	3	3.85	11.50	1.52					13	24.53	76.70	7.17	5	11.36	21.33	1.97	21	9.63	109.53	3.01
麦穗鱼	25	32.05	63.60	8.43	16	37.21	57.20	7.85									41	18.81	120.80	3.32
花斑裸鲤					4	9.30	110.00	15.10					3	6.82	130.50	12.06	3	1.38	130.50	3.59
鲫	9	11.54	169.60	22.48													13	5.96	279.60	7.69
泥鳅	6	7.69	96.10	12.74	6	13.95	49.30	6.77	3	5.66	10.12	0.95	3	6.82	25.40	2.35	6	2.75	96.10	2.64
大鳞副泥鳅	7	8.97	96.20	12.75	2	4.65	13.45	1.85									19	8.72	181.02	4.98
北方花鳅	12	15.38	61.10	8.10					7	13.21	40.34	3.77	9	20.45	53.21	4.92	30	13.76	168.10	4.63

续表3-28

鱼类种名	样段1						样段2						样段3						样段4						全河段					
	尾数		渔获物重量				尾数		渔获物重量				尾数		渔获物重量				尾数		渔获物重量				尾数		渔获物重量			
	尾	%	g	%			尾	%	g	%			尾	%	g	%			尾	%	g	%			尾	%	g	%		
棒花鱼	3	3.85	14.80	1.96									2	3.77	12.34	1.15									5	2.29	27.14	0.75		
鲇	1	1.28	10.10	1.34																					1	0.46	10.10	0.28		
黄颡鱼	3	3.85	41.50	5.50																					3	1.38	41.50	1.14		
合计	78	100	754.30	100			43	100	728.57	100			53	100	1 069.40	100			44	100	1 081.74	100			218	100	3 634.01	100		

3.2.4　水生植物

水生植物作为初级生产者，具有产氧和净化水质的重要功能，并可以为水体中其他生物提供食物和栖息地。不同物种对环境压力的敏感性存在差异，植物群落组成可以反映生态系统受到的干扰强度及其生态环境状况。鉴于植物易于识别，且便于采样，目前已被成功应用于湖泊和湿地生态系统的健康评价，但其在河流生态系统中的应用却没有其他生物广泛。我国河流健康评价中常用的植被指标主要是植物多样性指数，而植被生物完整性评价体系的构建尚不成熟。

鉴于水生植物完整性评价体系尚不成熟，以及水生植物定量调查的工作量巨大，本次对水生植物只进行了定性调查。调查发现，下游水生植物盖度总体大于上游，全河段以湿生植物稗草（*Echinochloa crusgalli*）为最优势种，上游湿生植物水蓼（*Polygonum hydropiper*）为次优势种，下游以挺水植物蒲苇（*Cortaderia selloana*）和水烛香蒲（*Typha angustifolia*）为次优种。调查未发现沉水植物、漂浮植物和浮叶植物，这可能与河水流速较大、泥沙含量较大有关。此外，渠道化对水生植物多样性产生了负面影响，调查范围内发现两岸边坡被水泥硬化的河道基本无水生植物生长，虽然渠道化的河道具有特殊的生态功能，如输水、排水和保障城市安全，但河道两岸或底部被硬化后，阻碍了水生植物的生长，降低了河流的自净能力。

3.3　水生生物环境状况评估方法

3.3.1　水生生物多样性评价方法

3.3.1.1　大型底栖动物多样性综合指数

（一）指标解释

本研究选取反映大型底栖动物多样性的多个指标进行综合评估，表征大型底栖动物的物种完整性状况。利用指标包括：（a）大型底栖动物分类单元数（S）；（b）大型底栖动物EPT科级分类单元比（E）；（c）大型底栖动物BMWP指数（B）；（d）大型底栖动物Berger-Parker优势度指数（D）。首先进行指标的标准化，然后计算4个指标的算术平均值。

（二）指标计算

（a）大型底栖动物分类单元数（S）：根据鉴定水平，某样点样品中出现的所有大型底栖动物分类单元数。

（b）大型底栖动物EPT科级分类单元比（E）：某样点样品中出现的大型底栖动物蜉蝣目、积翅目和毛翅目3目昆虫科级分类单元数在该样品中所有科级分类单元总数中所占的比例。

（c）大型底栖动物BMWP指数（B）：

$$B=\sum t_i \tag{3-1}$$

式中，t_i指某样点样品中大型底栖动物第i物种基于科一级分类阶元的敏感值。每一科级单元的敏感值通过调查文献获取，文献中采用的评分制不一致时，全部换算为10分制以统一量纲。

（d）大型底栖动物Berger-Parker优势度指数（D）

$$D=N_{max}/N \tag{3-2}$$

式中：N_{max}为某样点样品中最优势种的个体数；N为底栖动物鉴定分类水平下所有个体数。

（三）指标标准化

（a）大型底栖动物分类单元数（S）标准化公式：

$$S_S = \frac{measured - 5\%quantile}{95\%quantile - 5\%quantile} \tag{3-3}$$

（b）大型底栖动物 EPT 科级分类单元比（E）标准化公式：

若$E>0.48$，则$X_{EPTr}=1$；否则，$X_{EPTr}=0.0297EXP$

（c）标准化 BMWP 指数（B）按下式计算：

$$B_S = \frac{measured - Min}{Max - Min} \tag{3-4}$$

简化后的表达式为$B_S=measured/131$

（d）Berger-Parker 优势度指数（D）标准化公式：

$$D_S = \frac{95\%quantile - measured}{95\%quantile - 5\%quantile} \tag{3-5}$$

其中，$measured$指任何一个指标在样点检测的实际数据值；$5\% quintiles$指任何一个指标检测数据5%的分位数值；$95\% quintiles$指任何一个指标检测数据95%的分位数值；E即大型底栖动物蜉蝣目、积翅目和毛翅目3目昆虫科级分类单元数在该样品中所有科级分类单元总数中所占的比例，X_{EPTr}为标准化数值；BMWP标准化公式中的 Min 为0，Max（山地区）为 131。

（四）评估标准

大型底栖动物多样性综合指数评估标准见表3-29所示。

表3-29 大型底栖动物多样性综合指数评估标准

指标内容	分级标准及赋分				
	优秀	良好	一般	较差	差
	$N \geqslant 80$	$60 \leqslant N < 80$	$40 \leqslant N < 60$	$20 \leqslant N < 40$	$N < 20$
大型底栖动物多样性综合指数	0.8～1	0.6～0.8	0.4～0.6	0.2～0.4	0～0.2

数据来源：实地监测。

3.3.1.2 鱼类物种多样性综合指数

（一）指标解释

本研究选取反映鱼类物种多样性的多个指标进行综合评估，表征鱼类的物种完整性状况。利用指标包括：（a）鱼类总分类单元数（S）；（b）鱼类香农–维纳多样性指数（H）；（c）鱼类 Berger-Parker 优势度指数（D）。首先进行指标的标准化，然后计算 3 个指标的算术平均值。

（二）计算方法

（a）鱼类总分类单元数（S），即某样点中出现的所有鱼类物种数。

（b）鱼类香农–维纳多样性指数（H）

$$H = -\sum_{i}^{s}\left(p_i\right)\log_2\left(p_i\right) \tag{3-6}$$

式中，H 是某群落内多样性指数；s 是某群落中出现的所有物种数；p_i 是样点中第 i 种的个体比例。

（c）鱼类 Berger-Parker 优势度指数（D）

$$D = N_{max}/N \tag{3-7}$$

式中：N_{max} 为样点中优势种的个体数；N 为样点中全部鱼类物种的个体数。

（三）指标标准化

（a）分类单元数（S）标准化公式：

$$S_{S} = \frac{measured - 5\%quantile}{95\%quantile - 5\%quantile} \tag{3-8}$$

（b）香农–维纳多样性指数（H）

$$H_{S} = \frac{measured - 0}{3 - 0} = \frac{measured}{3} \tag{3-9}$$

（c）Berger-Parker 优势度指数标准化公式（D_{S}）

$$D_{S} = \frac{95\%quantile - measured}{95\%quantile - 5\%quantile} \tag{3-10}$$

（四）评估标准

鱼类物种多样性综合指数评估标准见表 3-30 所示。

表 3-30　鱼类物种多样性综合指数评估标准

指标内容	分级标准及赋分				
	优秀	良好	一般	较差	差
	$N \geqslant 80$	$60 \leqslant N < 80$	$40 \leqslant N < 60$	$20 \leqslant N < 40$	$N < 20$
鱼类物种多样性综合指数	0.8～1	0.6～0.8	0.4～0.6	0.2～0.4	0～0.2

数据来源：实地监测。

3.3.1.3 特有性或指示性物种保持率

（一）指标解释

特有性或指示性物种保持率反映河流特有性、指示性物种以及珍稀濒危物种的保护状况。以历史水平数据为基准，进行对比分析。

（二）数据来源

本研究根据实际调查结合河流周边农民的渔获物走访问询收集数据。

（三）评估标准

特有性或指示性物种保持率评估标准见表3-31所示。

表3-31　特有性或指示性物种保持率评估标准

指标内容	分级标准及赋分				
	优秀	良好	一般	较差	差
	$N \geqslant 80$	$60 \leqslant N < 80$	$40 \leqslant N < 60$	$20 \leqslant N < 40$	$N < 20$
特有物种（或指示性物种）种类/数量	大量增加	稍有增加	无变化	稍有减少	大量减少

数据来源：实际调查结合河流周边农民的渔获物进行走访问询。

3.3.2 水生生物完整性评价方法

3.3.2.1 藻类完整性

（一）指标解释

藻类完整性综合反映一个地区藻类群落的物种组成、多样性和功能等的稳定能力，由藻类密度、总分类单元数以及 Berger-Parker 指数（BP 指数）计算而来。藻类担负着物质循环和能量流动的重要任务，其密度和水体污染之间存在较大的相关性；总分类单元数即每个监测样点所鉴定出来的全部物种数，能反映群落的丰度程度；BP 指数即优势度指数，反映了各物种种群数量的变化情况，生态优势度指数越大，说明群落内物种数量分布越不均匀，优势种的地位越突出。

（二）计算方法

上述各指标经标准化后，计算算术平均指数，然后赋分100。即：

$$藻类完整(BI)值 = \frac{藻类密度BI值 + 总分类单元BI值 + BP指数BI值}{3} \tag{3-11}$$

式中：藻类密度和总分类单元数属于随干扰增强而下降的指标，BP指数属于随干扰增强而上升的指标。

对于下降类型指标计算公式如下：

$$下降类型指数BI值 = \frac{样点观测值 - 样点观测值的5\%分位数}{样点观测值的95\%分位数 - 样点观测值5\%分位数} \times 100 \quad (3-12)$$

式中：下降类型指标 BI 值在 0～100 范围之间，>100 时下降类型指标 BI 值视为 100 处理，<0 时下降类型指标 BI 值视为 0 处理。

对于上升类型指标计算公式如下：

$$上升类型指数BI值 = \frac{样点观测值的95\% - 样点观测值}{样点观测值的95\%分位数 - 样点观测值5\%分位数} \times 100 \quad (3-13)$$

式中：上升类型指标 BI 值在 0～100 范围之间，>100 时上升类型指标 BI 值视为 100 处理，<0时上升类型指标 BI 值视为 0 处理。

3.3.2.2 大型底栖动物完整性

（一）指标解释

大型底栖动物完整性综合反映一个地区大型底栖生物群落的物种组成、多样性和功能等的稳定能力，由总分类单元数、BMWP 指数以及 BP 指数计算而来。总分类单元数即每个监测样点所鉴定出来的全部物种数，能反映群落中的丰度程度；BMWP 指数是基于科级分类单元上各物种出现与否，考虑出现物种的敏感值，以所有出现物种的敏感值之和代表环境的情况；BP 指数同藻类部分。

（二）计算方法

$$X_{BI} = \frac{总分类单元数BI值 + BMWP指数BI值 + BP指数BI值}{3} \quad (3-14)$$

式中：总分类单元数和 BMWP 指数属于随干扰增强而下降的指标，BP 指数属于随干扰增强而上升的指标，计算方法分别参照公式（3-12）和（3-13）。

3.3.2.3 鱼类完整性

（一）指标解释

鱼类完整性综合反映一个地区鱼类群落的物种组成、多样性和功能等的稳定能力，由物种数、耐污类群相对丰度以及 BP 指数计算而来。物种数即每个监测样点所鉴定出来的全部物种数，能反映群落中的丰度程度；耐污类群相对丰度即群落中耐污能力（专家经验判断）较高的分类单元个体数占总个体数的比例，能反映群落中的受干扰程度，数值越大表明水质受到污染越严重；BP 指数同藻类部分。

（二）计算方法

$$X_{BI} = \frac{物种数BI值 + 耐污类群相对丰度BI值 + BP指数BI值}{3} \quad (3-15)$$

式中：物种数属于随干扰增强而下降的指标，耐污类群相对丰度和 BP 指数属于随干扰增强而上升的指标。

3.3.3　水生生物综合状况评价方法

3.3.3.1　权重调整

根据《江河生态安全评估技术指南》，评价水生生物综合状况（分项指标）的评价指标包括藻类完整性、大型底栖动物完整性、鱼类完整性和水生植物完整性，其权重分别为0.2、0.3、0.3和0.2。因为本次调查对水生植物只进行了定性调查，无法计算水生植物的完整性指数，因此，将其0.2权重按比例分配给其他3个指标，调整后的权重为：藻类完整性权重为0.25，大型底栖动物完整性和鱼类完整性权重均为0.375。

3.3.3.2　计算方法

先计算得到每个样点的各评价指标值（藻类完整性、大型底栖动物完整性、鱼类完整性值等），再对所有样点的某一指标完整性值进行平均得到各个评价指标的分值，然后使用加权求和法计算得到水生生物完整性综合状况（分项指标）的分值（分项指标用于评价"生态系统健康"专项指标）。根据所得分值对其进行等级归类，得到水生生物综合评估结果。

3.3.3.3　评估标准

水生生物完整性综合状况评估结果分为五级：健康、亚健康、一般、较差、极差。评估标准见表3-32所示。

表3-32　江河水生生物综合状况评估标准及描述

等级	表征状态	特征描述	得分
一级	健康	相对而言没有人类的干扰,所有期望出现的种类,包括耐受性极差的种类都存在,有平衡的营养结构。	(80,100]
二级	亚健康	由于耐受性极差种类的消失,种类丰度、某些种类的数量略低于期望值,营养结构显示出某种低压力。	(60,80]
三级	一般	环境恶化的信号增加,包括耐受性差的种类消失,较少的种类和通常的种类数据下降,杂食性物种和耐受性强种类的频度增加使营养结构偏斜,顶级物种可能罕见。	(40,60]
四级	较差	少数种类,包括杂食性种类、耐受性强的种类、适应多种栖息地的种类等占据优势,极少有顶级捕食者。	(20,40]
五级	极差	除耐受性强的杂食性种类外,其他种类较少。	[0,20]

3.4 水生生物环境状况评估结果

3.4.1 生物学指标在河流生态评价中的应用

3.4.1.1 大型底栖动物在河流生态评价中的应用

河流中底栖无脊椎动物具有相对较长的生活周期、较高的生物多样性（在不同生境中都有分布）、形体易于辨别等优势；此外，很多动物在其生活史中至少有一部分时间对生境有特定的要求，所以以大型无脊椎动物对人类干扰会产生生态效应，该类生物群落结构的变化也能很好地反映河段生境条件的变化，是河流水质状况惯用的一项重要监测指标，因此，常用作指示生物来反映河流污染状况，如襀翅目幼虫在清洁河流中大量出现，福寿螺在中度污染的水体中较多，污染严重的河流中颤蚓类、摇蚊幼虫数量增加。国外关于底栖动物的评价始于 20 世纪初期，该阶段的研究主要集中于水质状况方面，且以定性评价为主。20 世纪 60~70 年代，关于底栖动物的研究逐渐由定性评价发展为生物多样性指数的定量评价，即根据水生态系统中指示生物的存在与否与个体数量来判别水质状态。从 20 世纪 80 年代开始，为解决单纯的定性方法缺乏生物密度等量化指标，以及单纯的定量研究具有研究范围小及所采集生物种类有限的缺点，有关底栖动物定性与定量相结合的评价方法被重视。为了克服水生生物野外调查工作量大和费时长的缺点，美国环保局于 1989 年提出了快速生物评价法，该方法推荐的采样方法为半定量采样法。

国内关于底栖动物的研究始于 19 世纪 60 年代。该时期研究主要集中于区域底栖动物的物种组成、分布及群落结构的变化，随后逐渐延伸到底栖动物的生物指示作用，并将其独立作为一个指标应用于水质生物学评价。1980—1990 年，国内学者开始利用多种生物指数表征底栖动物存在状态，并对水质污染状况进行分级。此后，快速水质生物评价技术的应用使国内底栖动物研究日益受到重视。

目前，应用底栖动物评价水质常用的指数有香农-维纳（Shannon-Wiener）多样性指数、Berger-Parker 优势度指数、Margalef 多样性指数、Good-night 指数、Beck 指数、Trent 指数、Chandler 指数、BMWP 计分系统和 BBI 计分系统，有关部分指数及计分系统的研究近年来在国内广泛被开展，以底栖动物为研究对象发展起来的生物完整性指数也在不断探索之中。

在大型底栖动物快速生物评价指数中，BMWP 指数（biological monitoring working party）是应用较早且被国外学者和机构应用较多的指数。大型底栖动物 BMWP 指数是一种计算科级分类单元敏感值的快速生物评价单因子指数，通过统计样点敏感物种的出现与否计算样点的 BMWP 得分。分值越高，说明敏感物种种类越多，样点的人为扰动强度越小，河流健康状况越好。BMWP 指数的突出优势表现为以下几个方面：首先，指数分类要求到科，降低了分类的难度；其次，计算时仅考虑物种出现与否，定性监测、半定量监测和定量监测数据均可以比较；最后，利用鉴定图册和打分表格的辅助，指数计算可现场完成，因此，BMWP 指数在野外应用中十分便捷，更应被非专业人员掌握。BMWP 指数最早应用于英国的河流有机物污染监测,目前在全球多个国家进行了修订并被广泛应用。

我国河流水体污染问题较为突出,近年来已有许多学者在辽河、淮河、长江等不同区域开展了基于大型底栖动物生物水质评价,然而应用BMWP指数评价河流健康状况仅见于少量文献中,原因在于BMWP指数在不同区域应用过程中,需要对该指数进行相应修订。我国在大型底栖动物的研究方面尚未形成统一的标准和方法体系,很多地区尚未或者正在开展大型底栖动物的相关研究工作,缺乏系统全面的大型底栖动物鉴定资料及其长期监测的数据,大型底栖动物科级敏感值难以直接确定,这些成了BMWP指数在我国进行应用时的主要限制因素。

本次调查中,计算BMWP所使用的敏感值来源于国内外参考文献,尤其对有学者修正过的敏感值进行了对比,根据湟水的水文特点,选择了适合湟水流域的敏感值。同时结合分类单元数、Berger-Parker优势度指数和大型底栖动物EPT科级分类单元比,分别计算了大型底栖动物多样性综合指数和完整性指数。

3.4.1.2 鱼类在河流生态评价中的应用

鱼类的生活周期较长且具移动性,特定河区鱼类的种类组成可反映外界干扰对河区长期作用的结果;又由于鱼类在水体生态系统中分布范围广、营养等级高、对水质变化反应灵敏,因此,其是河流健康评价的重要指示生物。Karr于1981年提出了基于河流鱼类物种丰富度、指示种类别(含耐污种及非耐污种)、营养类型、鱼类数量、杂交率、鱼病率、畸变率等12项指标基础上的生物完整性指数(index of biological integrity,IBI)。该指数包含了一系列对环境状况的变化较敏感的指标,能够在比较的基础上对所研究的河流健康状况做出评价,此后该方法不断被完善,评价对象从冷水性溪流扩展到暖水性溪流、湖泊、河流、河口、湿地等不同类型的水体。迄今,在全球不同地区和类型的水体中都有利用鱼类成功构建不同类型的生物完整性评价体系的报道。在国外,鱼类生物完整性指数(F-IBI)评价体系多应用于湖泊、河口和近海等水域环境的监测和管理。如Bozzetti等应用鱼类完整性评价巴西南部亚热带地区河流健康状况,Schmitter-Soto等利用鱼类完整性评价外来物种、富营养化及农药毒害对日本本州河流健康状况的影响,美国至少有29个州成功应用鱼类完整性评价了河流健康状况。在国内,基于F-IBI评价研究还处在起步阶段,且多被应用于湖泊和河流等淡水区域。长江中游浅水湖泊F-IBI评价体系建立较早(朱迪等,2004),该体系以1978年的调查数据为参照,对长江中游不同类型浅水湖泊进行F-IBI时空变化的比较研究。此后,郑海涛(2006)建立了怒江中上游F-IBI评价体系,对怒江的不同河段进行评价。刘明典等建立了适合长江中上游地区河流健康评价的鱼类生物完整性指标体系。近年来,F-IBI在广西河池地区(刘恺等,2010)、长江中上游干流及附属湖泊(刘明典等,2010)、漓江(朱瑜等,2012)、三门峡湿地(Zhang et al.,2014)、广东鉴江流域(郜星晨等,2015)和浑河流域(张赛赛等,2015)等得到广泛应用,这些评价体系多以历史数据或受损较小区域的数据为参照,由于各个地区鱼类区系和河流自然状况不同,研究区域尺度不一,因此,评价体系也存在较大差异。

本次调查根据《江河生态安全与评估技术指南》，以鱼类分类单元数、Berger-Parker优势度指数、香农-维纳多样性指数、耐污类群相对丰度等指标值为基础，分别计算了鱼类多样性综合指数和完整性指数，并根据特有物种种类数的变化对特有物种保持率进行了评分。

3.4.1.3 藻类在河流生态评价中的应用

藻类存在于自然界的各种水体之中，是江河湖海中最基本的初级生产者，由于个体小、生活周期短、繁殖速度快，易受环境中各种因素的影响而在较短周期内发生改变，在水体中，藻类和所处环境相统一，因此，藻类的变化（种类组成、种群动态、生物密度等）可反映出所处环境的改变，而且相对于理化条件而言，其现存量、种类组成和多样性能更好地反映出水体的营养水平。因此，藻类作为生物学监测指标在水环境评价中得到了广泛的应用，利用藻类作为水质生物监测指标已有近百年的历史，目前已有大量文献报道利用藻类来评价水体的营养状况。

国外对藻类在水质监测中的应用较早，早在1909年，德国学者Kolkwitz和Marsson就提出了利用藻类来评价污染水质的方法，并针对水体污染程度的不同进行了分类。20世纪50年代以来，许多学者应用简单的生物指数和物种多样性指数监测水质状况，取得了良好的效果。70年代后，我国开始对各种水体环境质量进行广泛的藻类生物学调查与评价，随着我国湖泊富营养化研究工作的深入开展，国内逐步建立起了比较成熟的、适用于我国湖泊的评价体系和方法。

以藻类评价水质的常用方法主要有以下几种：

现存量法，根据水体中藻类的现存量来评价水体的营养状况是分析水环境质量的基本方法之一。用于表示藻类现存量的指标有很多（密度、生物量、叶绿素a），由于不同藻类大小不同，因此，藻类的数量不能客观地反映营养状态，相对而言，生物量更能可靠地反映水质的营养状态。藻类的生物量以及叶绿素a浓度都是指示水体营养状态的良好指标，但由于叶绿素a浓度的测定比生物量的测算更加简便、快捷，目前，叶绿素a浓度已成为水质评价中的常用指标。

优势种群法，藻类的种群结构和污染指示种是水质生物学评价中的首要参数，尤其是那些在特定环境条件下能大量生存的藻类，它们的种类和数量在一定程度上可直接反映出环境条件的改变和水质污染的程度。优势种群法就是用藻类群落组成和优势种的变化来评价水体污染状况的方法，也是目前应用较为广泛的一种水质评价方法。不同营养状态的水体中常见的优势种类不同，不同时期的水体中常见的优势种类也不同。Hutchinson和Wetzel总结了不同营养型湖泊的藻类优势种群，对于评价湖泊营养状况有很大的参考价值。赵怡冰等对1961—1994年大伙房水库水质变化状况进行了分析，发现随着大伙房水库水质污染程度的改变，优势藻类由贫营养型指示种（如多甲藻、卵囊藻）逐步转变为中营养型指示种（如鱼腥藻、尖尾兰、隐藻），优势种群的变化与水质评价结果的相关性较好。Nico等也发现优势种群的变化与湖泊的营养类型具有显著的相关性，因而，优势种群法在湖泊水体营养状态评价中应得到广泛的应用。Ngearnpat 和 Peerapornpisal 根据鼓藻优势种群和指示种的差异划分了泰国 12 条河流的水体类型。虽然优势种群法适用范围较广，但对于贫营养型的湖泊，由于其物种多样性较高，优势种群不明显，选用该法可能会使水质分析结果产生误差。此外，对于河流来说，浮游藻类的生物量和优势种受降雨量、季节等的影响较大，因此，用固着藻类作为指标生物来评价会更有意义，但这不适用于不可涉水型的河流。

多样性指数法，藻类的种类多样性指数能反映出不同环境下藻类个体分布丰度和水体污染程度，主要以藻类细胞密度和种群结构的变化为基本依据来判定湖泊营养状况、富营养化程度和发展趋势。分析藻类群落结构的多样性指数有很多，包括 Shannon-Wiener 指数、Simpson 指数、Brillouin 指数、Margalef 指数、Berger-Parker 指数、Pielou 均匀度指数、Frontier 等级频率图、Menhinick 指数、Mcintosh 指数等。鉴于指数计算的复杂性和适用性，被广泛用于水质评价的多样性指数有：Pielou 均匀度指数、Shannon-Wiener 多样性指数及 Margalef 多样性指数，而其他几种指数使用较少。

近年来，许多学者在应用多样性指数时，同时对其敏感性和准确性进行了分析。孙军和刘东艳应用模糊综合评判的方式对浮游藻类常用的多样性指数进行综合分析后发现，Pielou 指数是浮游藻类群落均匀度测度中一种较好的指数，可以很好地应用于浮游藻类群落内多样性分析中；而 Shannon-Wiener 指数相对 Margalef 指数和 Pielou 指数来说，是对浮游植物群落物种数敏感的指数，对浮游植物群落多样性有较好的解释，因此成为目前水质评价中使用最多的多样性指数。赵先富等应用 Margalef 多样性指数评价青岛棘洪滩水库的水质时发现，稀有种对该指数的影响比较强烈，在优势种和其他物种的丰度相差悬殊的情况下，应用其解释藻类群落内多样性时应谨慎。胡鸿钧和魏印心也指出，Margalef 指数虽然简单，易于计算，但忽略了个体数在种间的分配状况，并且对数据的分辨率较差，易受计数样品数量的影响而产生误差。

目前，国内外虽然对某些多样性指数的敏感性和准确性有一些争议，但大部分多样性指数仍是人们在评价水质时最常用的检测指标。有学者提出，单纯使用一种多样性指数来解释藻类群落的多样性容易造成较大的偏差。因此，在应用藻类多样性指数评价水质时，应至少选用 2 种或 2 种以上的多样性指数相互结合使用，以确保评价结果的可信性，众多学者在水质评价时均采用了这种做法。

本次调查对浮游藻类进行了定量分析，综合采用密度（现存量）、Berger-Parker 优势度指数和分类单元数计算了藻类完整性指数。

3.4.2 水生生物多样性综合指数

3.4.2.1 大型底栖动物多样性综合指数

大型底栖动物多样性综合指数见表3-33所示。

表3-33 大型底栖动物多样性综合指数

样点编号	1	2	3	4*	5	6	7	8	9	10	11	12
分类单元数 [属(种)]	2	1	4	–	1	4	1	3	8	4	2	5
EPT科级分类 单元数	0	0	0	–	1	0	0	0	0	0	0	0
所有科级分类 单元数	2	1	3	–	1	4	1	3	6	4	2	5
EPTr-F	0	0	0	–	1	0	0	0	0	0	0	0
BMWP指数	8	1	15	–	5	15	1	7	29	13	3	25
最优势种 个体数	10	840	20	–	10	30	30	70	140	60	10	48
最低鉴定分类 水平所有个体数	20	840	80	–	10	70	30	90	460	90	20	160
Berger-Parker 优势度指数	0.500	1.000	0.250	–	0.429	1.000	0.778	0.304	0.667	0.500	0.300	0.500
指标标准化(归一处理)												
标准化分类 单元数	0.182	0.000	0.545	–	0.000	0.545	0.000	0.364	1.000	0.545	0.182	0.727
EPTr (标准化EPTr-F)	0.030	0.030	0.030	–	1.000	0.030	0.030	0.030	0.030	0.030	0.030	0.030
标准化BMWP 指数	0.061	0.008	0.115	–	0.038	0.115	0.008	0.053	0.221	0.099	0.023	0.191
标准化BP指数	0.690	0.000	1.034	–	0.000	0.788	0.000	0.307	0.960	0.460	0.690	0.966
综合指数	0.241	0.009	0.431	–	0.260	0.369	0.009	0.188	0.553	0.284	0.231	0.478
样点平均 综合指数	0.278											
评价结果	较差(0.2~0.4)											

注：*表示样点4未检出底栖动物，多样性指数公式不成立，故不纳入计算。

$$标准化分类单元数 = \frac{measured - 5\%quantile}{95\%quantile - 5\%quantile} \qquad (3-16)$$

若 $E>0.48$，则 $X_{EPTr}=1$；否则，$X_{EPTr}=0.0297EXP$

标准化 BMWP 指数按 $B=measured/131$ 计算。

$$标准化 BP 指数 = \frac{95\%quantile - measured}{95\%quantile - 5\%quantile} \qquad (3-17)$$

3.4.2.2 鱼类多样性综合指数

鱼类多样性综合指数见表3-34所示。

表3-34 鱼类多样性综合指数

样点编号	1	2	3	4
分类单元数（种）	11	6	7	7
香农-维纳多样性指数	2.995	2.179	2.341	2.657
最优势种个数数	25	16	21	11
最低鉴定分类水平所有个体数	78	43	53	44
Berger-Parker 优势度指数	0.321	0.372	0.396	0.250
指标标准化（归一处理）				
标准化分类单元数	1.000	0.000	0.200	0.200
标准化香农-维纳多样性指数	0.998	0.726	0.780	0.886
标准化 BP 指数	0.546	0.155	0.000	1.000
综合指数	0.848	0.294	0.327	0.695
样点平均综合指数	0.541			
评价结果	一般			

$$标准化分类单元数 = \frac{measured - 5\%quantile}{95\%quantile - 5\%quantile} \qquad (3-18)$$

$$标准化香农 - 维纳多样性指数 = \frac{measured}{3} \qquad (3-19)$$

$$标准化 BP 指数 = \frac{95\%quantile - measured}{95\%quantile - 5\%quantile} \qquad (3-20)$$

3.4.2.3　特有性或指示性物种保持率

据资料记载，20世纪80年代，在对甘肃境内黄河水系大规模调查时发现，湟水鱼类组成记录中仅有棒花鱼（*Abbottina rivularis*）1种，因此，本次调查将棒花鱼作为湟水的指示性物种来评估物种保持率。从本次调查结果来看，在4个调查范围内获得的13种鱼类（包括外来入侵种）中，仅在2个样点的渔获物中有棒花鱼，而且其数量在渔获物中占的比例很小（3.77%～3.85%），说明指示性物种数量减少，该项指标评价结果为"差"。

3.4.3　水生生物完整性指数

3.4.3.1　藻类完整性指数

藻类完整性指数见表3-35所示。

表3-35　藻类完整性指数

样点编号	1	2	3	4	5	6	7	8	9	10	11	12
分类单元数[属（种）]	24	22	40	36	17	10	17	15	17	20	20	20
密度	38 400	31 200	24 600	54 000	24 000	14 400	25 200	27 600	24 000	33 600	28 800	32 400
最优势种个体数	4 800	4 800	1 200	4 800	3 600	2 400	3 600	3 600	2 400	3 600	2 400	3 600
最低鉴定分类水平所有个体数	38 400	31 200	24 600	54 000	24 000	14 400	25 200	27 600	24 000	33 600	28 800	32 400
Berger-Parker优势度指数	0.125	0.154	0.049	0.089	0.150	0.167	0.143	0.130	0.100	0.107	0.083	0.111
分类单元数BI值	44.910	36.926	100.00	92.814	16.966	0.000	16.966	8.982	16.966	28.942	28.942	28.942
密度BI值	72.727	44.755	19.114	100.00	16.783	0.000	21.445	30.769	16.783	54.079	35.431	49.417
BP指数BI值	37.695	6.282	100.00	77.018	10.471	0.000	18.249	31.776	64.919	57.140	83.068	52.819
综合BI值	51.777	29.321	73.038	89.944	14.740	0.000	18.887	23.843	32.889	46.721	49.147	43.726
各样点平均BI值	39.503											
权重	0.250											
得分	9.876											

$$分类单元BI值和密度BI值 = \frac{measured - 5\%quantile}{95\%quantile - 5\%quantile} \times 100 \quad (3-21)$$

$$BP指数BI值 = \frac{95\%quantile - measured}{95\%quantile - 5\%quantile} \times 100 \quad (3-22)$$

3.4.3.2 底栖动物完整性指数

底栖动物完整性指数见表3-36所示。

表3-36 底栖动物完整性指数

样点编号	1	2	3	4*	5	6	7	8	9	10	11	12
分类单元数 [属（种）]	2	1	4	–	1	4	1	3	8	4	2	5
BMWP指数	8	1	15	–	5	15	1	7	29	13	3	25
最优势种个体数	10	840	20	–	10	30	30	70	140	60	10	48
最低鉴定分类水平所有个体数	20	840	80	–	10	70	30	90	460	90	20	160
Berger-Parker 优势度指数	0.500	1.000	0.250	–	1.000	0.429	1.000	0.778	0.304	0.667	0.500	0.3
BI值												
分类单元数 完整性指数BI值	18.182	0.000	54.545	–	0.000	54.545	0.000	36.364	100.00	54.545	18.182	72.727
BMWP指数BI值	6.107	0.763	11.450	–	3.817	11.450	0.763	5.344	22.137	9.924	2.290	19.084
BP指数BI值	68.966	0.000	100.00	–	0.000	78.759	0.000	30.621	96.000	45.931	68.966	96.552
各样点 综合BI值	31.085	0.254	55.332	–	1.272	48.251	0.254	24.109	72.712	36.800	29.812	62.788
平均BI值	32.970											
权重	0.375											
得分	12.364											

注：*表示样点4未检出底栖动物，多样性指数公式不成立，故不纳入计算。

$$分类单元数BI值 = \frac{measured - 5\%quantile}{95\%quantile - 5\%quantile} \times 100 \quad (3-23)$$

$$BMWP指数BI值 = \frac{measured}{131} \times 100 \quad (3-24)$$

$$BP指数BI值 = \frac{95\%quantile - measured}{95\%quantile - 5\%quantile} \times 100 \qquad (3-25)$$

3.4.3.3 鱼类完整性指数

鱼类完整性指数见表3-37所示。

表3-37 鱼类完整性指数

样点编号	1	2	3	4
分类单元数(种)	11	6	7	7
耐污类群相对丰度*	0.320	0.190	0.190	0.270
最优势种个体数	25	16	21	11
最低鉴定分类水平所有个体数	78	43	53	44
Berger-Parker优势度指数	0.321	0.372	0.396	0.250
分类单元数BI值	100.000	0.000	20.000	20.000
耐污类群相对丰度BI值	0.000	100.000	100.000	34.694
BP指数BI值	54.604	15.537	0.000	100.000
各样点综合BI值	51.535	38.512	40.000	51.565
平均BI值	45.403			
权重	0.375			
得分	17.026			

注：*表示耐污类群为泥鳅、北方花鳅和大鳞副泥鳅。

$$分类单元数BI值 = \frac{measured - 5\%quantile}{95\%quantile - 5\%quantile} \times 100 \qquad (3-26)$$

$$耐污类群相对丰度BI值 = \frac{95\%quantile - measured}{95\%quantile - 5\%quantile} \times 100 \qquad (3-27)$$

$$BP指数BI值 = \frac{95\%quantile - measured}{95\%quantile - 5\%quantile} \times 100 \qquad (3-28)$$

3.4.4 水生生物综合状况评估

3.4.4.1 多样性综合指数评估

根据大型底栖动物综合多样性指数（0.278）、鱼类综合多样性指数（0.541）和指示性物种保持率得分，参照评估标准发现，湟水红古段的水生生物健康状况介于"差"与"一般"之间，综合状况评价结果为"较差"。

3.4.4.2 完整性综合评估

根据《红河生态安全评估技术指南》要求的计算方法，水生生物综合完整性指标采用各评估指标的加权平均值。依据调整后的权重，本调查（不包括水生植物）得到的水生生物完整性综合评价值为：

藻类完整性值 × 0.25 + 底栖动物完整性值 × 0.375 + 鱼类完整性值 × 0.375 = 39.266

根据评估标准，甘肃省湟水河水生生物综合状况评价结论为：较差（四级）。

4 流域水生态质量改善对策与建议

4.1 通力深化跨界水生态保护合作

湟水河作为黄河上游的重要支流，对于甘肃省和青海省的经济社会发展都具有重要意义。2015年，青海省境内金星水电厂在枯水期违规开闸放水行为引起了湟水河跨省界的水污染事件，受到了环保部门的高度重视以及社会公众的强烈关注，尽管该起污染事件只是偶然事件，但是足以说明跨界水污染治理的重要性。

河流是社会公共产品，在跨界尤其是跨省界的水污染治理问题上，加强政府间的交流合作至关重要。兰州市政府与海东市政府于2015年5月签订了《兰州市人民政府·海东市人民政府跨界污染联防联控协作框架协议》（以下简称《协议》），由于该《协议》没有强制性，因而两地政府在湟水跨界污染问题上没有进行实质性的合作。为了更好地推进湟水河治理与保护，还需要建立跨省区的环保监管权威机构，在跨省区合作中充当"仲裁"角色，从组织体制层面上保证区域内行政一体化，促进合作矛盾化解，实现省区间有效合作。建立湟水河生态信息合作共享系统，便于统筹规划全流域治理措施，通畅湟水河流域生态环境管理数据，及时共享环境风险信息，整合流域资源，发挥合作效益，最大化地提高湟水河流域治理效率。

4.2 全面开展水污染综合管控工作

以保护人民群众身体健康和生命财产安全为目标，严格执行国家环境质量标准，将水质达标作为环境质量的底线要求，从严控制污染物入河量。完善污水收集管网建设，采取旧城区和城乡接合部污水截流、集中收集，现有雨污合流制排水系统实施雨污分流改造，新建污水处理设施应同步设计、同步建设、同步投运配套管网等措施。提高城镇污水处理厂运行负荷率，增加初期雨水的收集和处理能力，使红古区污水基本实现全收集、全处理。提高生活垃圾处理率和资源化利用率，增建尾菜处理场所，完善城镇生活垃圾收集、中转运输和处理系统，加强城镇生活垃圾的分类回收与尾菜资源化利用。

在工业结构调整和布局优化的基础上，提高企业准入门槛，严格执行环境影响评价、"三同时"制度，加大矿业、食品加工、建材等行业排污企业的排污监控、污染管控和治理力度，依法淘汰落后工艺、设备和产能，选择适宜的处理工艺、技术和设备，加强工业点源污染防治工程建设，确保所有排污单位达标排放。加快工业园区生态化改造和建设，在工业企业稳定达标排放的基础上，强化工业园区废水集中治理和深度处理。建立和实施对监管企业的氨氮、总磷和有毒污染物的管控制度，按计划削减污染负荷的产生及排放量。鼓励再生水利用，利用再生水不受用水总量和用水计划限制，不征收水资源费。对重点监控企业，限期安装污染自动监控装置，实现同时监控、实时监控、动态管理。

加快推进农村污水及垃圾污染防治。重点乡镇周边农村，依托乡镇污水处理设施和生活垃圾收集转运设施，推动城镇污水处理设施和服务向农村延伸，推进城乡生活污水一体化收集处理模式和生活垃圾一体化集中收集处理处置模式。推进农村有机废弃物处理利用和无机废弃物收集转运，严禁农村垃圾在水体岸边堆放，加快农村环境综合整治。开展农田径流污染防治，积极引导和鼓励农民使用测土配方施肥、生物防治和精准农业等技术，采取灌排分离等措施控制农田氮、磷流失，推广使用生物农药或高效、低毒、低残留农药。严格执行畜禽禁养区、限养区规定，科学确定养殖容量，合理规划养殖规模和养殖品种，优化生态养殖场和养殖小区布局。推动畜禽规模养殖废弃物资源化利用，现有规模化畜禽养殖场（小区）要配套建设粪便污水贮存、处理、利用设施，散养密集区要实行畜禽粪便污水分户收集、集中处理利用；新建、改建、扩建规模化畜禽养殖场（小区）要实施雨污分流、粪便污水资源化利用。

4.3 积极落实水生态环境保护项目

加强饮用水水源保护区规范化建设、保护区污染防治和规范化监管工作。完成县级以上集中式饮用水水源保护区勘界，规范保护区标志和标识，设置界碑、交通警示牌、宣传牌等。对饮用水水源一级保护区实施隔离防护，对穿越饮用水水源保护区的铁路、公路、桥梁等设置防护墙（栏）等安全隔离设施。推进地表水型饮用水水源一级保护区防护隔离设施建设。严格水源保护区周边区域建设项目环境准入，有序开展水源地规范化建设，采取"一源一策，分级防治"，依法清理饮用水水源保护区违法建筑和排污口，逐步实施隔离防护、警示宣传、界标界桩、污染源清理整治等水源地环境保护工程建设。

针对湟水流域水生生物适宜生境萎缩、重要生物资源量下降、物种濒危程度加剧、生态功能下降等问题，以水生态系统结构和功能恢复为目标，以重要生境、生物资源保护与恢复为抓手，针对不同区域水生态面临的问题及影响因素，加强顶层设计，科学制定保护修复方案，扎实推进水生态保护修复工作。加强水电开发和保护工作的协调性，建立流域水生境保护河段，实施河湖生物通道恢复，实施生态调度，并在加强渔业资源保护管理的基础上实施重要经济鱼类的人工增殖放流。

加强监测、科研等水生态保护恢复的基础工作。水生态监测是流域水生态保护修复重要的基础性工作，与流域水文、水质监测相比较，水生态监测是短板，有必要将水生态监测纳入流域综合管理常态化经常性任务。统筹规划湟水流域水文、水质和水生态监测站点布设和监测信息采集及集成管理等，建设水生态监测站网，实现生境和水生生物要素的同步监测，积累一系列的水生态基础资料，为流域综合管理掌握水生态的演变趋势及影响分析提供支撑。

采取截污、清淤疏浚、岸坡整治、环境整治、生态修复、设施维护等措施。清除河床淤泥底泥，对已关停的采沙石场扰动区域实施恢复治理，增强河道自然净化能力。清运河道及沿岸堆放的垃圾，建立乡村垃圾收集转运系统及处理场，解决农民生活垃圾最终去向问题。对危险河段实施河道生态护坡，恢复沿河植被和水生物生长。

坚持保护优先、自然恢复为主的原则，结合天然林和生态公益林保护工程，大力营造防护林、水源涵养林，开展宜林荒地造林和疏林地补植造林，积极修复森林生态，扩大森林覆盖面积。采取天然林保护、封山育林、退耕还林、面山造林、城区绿化等一系列措施。采用天然恢复，辅以人工恢复的技术措施，选择适宜的关键种与建群种，采取封、造、补、管并举，乔、灌、草相结合的方法，改善植被生长的外部环境，栽植混交林，提高林分质量，进行林分改造，加强林分抚育，加强森林植被保护，预防病虫害、森林火灾及人畜破坏，保证林分正常生长。

4.4 从严加强环境风险预防与管控

对沿河石化、化工、医药、纺织、印染、化纤、危化品和石油类仓储、涉重金属和危险废物等重点企业开展环境风险评估，为实施环境安全隐患综合整治奠定基础。开展干流、主要支流及湖库等累积性环境风险评估，划定高风险区域，从严实施环境风险防控措施。按照《企业突发环境事件隐患排查和治理工作指南》，建立企业突发环境事件隐患档案，实施环境隐患综合整治，落实企业主体责任，提高企业抗风险能力。

实施技术、工艺、设备等生态化、循环化改造，降低入河排污量，工业园区、企业集聚区要淘汰不符合产业政策的技术、工艺、设备和产品。加快布局分散的企业向园区集中，按要求设置生态隔离带，建设相应的防护工程。选择典型化工园区开展环境风险预警和防控体系建设试点示范。

立足当地资源环境承载能力，优化产业布局和规模，严格禁止污染型产业、企业向上游地区转移，切实防止环境风险聚集。禁止在自然保护区、风景名胜区、水产养殖区等管控重点区域新建工业类和污染类项目，对现有高风险企业实施限期治理。严格危化品建设项目审批管理，自然保护区核心区及缓冲区内禁止新建各类工程，逐步拆除已有的各类生产设施以及危化品、油类仓储设施。

健全环境与公安、应急和相关企事业单位等综合性及专业性应急救援队伍长效联动机制，建立健全生态环境与公安、应急管理、发改、工信等工业和行业管理部门日常工作联动机制。加强高污染、高环境风险行业环境安全管理，相关部门之间签署联动机制协议，并适时开展配合演练，完善应急机制可操作性。

加强饮用水水源风险防控体系建设，强化对水源周边可能影响水源安全的制药、化工、造纸、采选、制革、印染、电镀、农药等重点行业企业的执法监管。加强危化品道路运输风险管控及运输过程安全监管，在集中式饮用水水源保护区、自然保护区等区域实施危化品禁运，同步加快制定并实施区域绕行运输方案。排放有毒有害污染物的企事业单位，必须建立环境风险预警体系，加强信息公开。强化环境应急队伍建设和物资储备，探索政府、企业、社会多元化环境应急保障力量共建模式，开展环境应急队伍标准化、社会化建设，以石化、化工、有色金属采选等行业为重点，加强企业和园区环境应急物资储备。

4.5 扎实推进流域水污染监督管理

对入河口实施全面监管，包括工业排污口、生活排污口以及农业排污口，利用已有的在线监控系统，按照"先干流，后支流"的原则以及"取缔一批，合并一批，规范一批"的要求，分阶段推动入河排污口监控体系建设，建立入河排污口整治销号制度，对取缔合并的排污口限期整治到位，对需要保留的入河排污口加强日常监督管理。

充分发挥各涉水管理部门职能，加强和健全红古区综合监管能力建设，完善环境监测站标准化建设，加强推进环境应急能力标准化建设，提高环境宣教信息标准化建设水平。提升饮用水水源水质全指标监测、水生生物监测、地下水环境监测、化学物质监测和水生生态环境监测的支撑能力。统筹优化水环境监测断面（点位），建立覆盖评估区水文水资源监控体系，形成点、线、面一体化的环境监测监察网络。

加大执法力度，确保所有排污单位达标排放。建立企业"黄牌""红牌"警示处罚制度，对存在超标和超总量的企业予以"黄牌"警示，一律依法限制生产或停产整治；对整治仍不能达到要求且情节严重的企业予以"红牌"处罚，一律停业、关闭。健全行政执法与刑事司法衔接机制，严厉打击环境违法行为，加大对排污单位的日常监督检查力度。

推进湟水流域管理机构建设，在地方行政管理的基础上，对湟水地区生态环境保护与水资源保护进行统一综合管理。明确湟水流域生态环境保护目标、水资源和水质保护目标、水资源利用与保护职责。建立和完善地方政府考核机制，落实湟水流域环境保护年度任务和检查要求，将环境保护相关指标纳入各级政府和领导干部政绩考核的内容进行年度考核。

参考文献

［1］中华人民共和国环境保护部.《地表水环境质量评价办法(试行)》［Z］.2011.

［2］GB 3838—2002,《地表水环境质量标准》［S］.

［3］HJ 2.3—2018,《环境影响评价技术导则—地面水环境》［S］.

［4］于茜.陕西省渭河流域水质变化分析研究［J］.环境科学与管理,2017,24（8）:150-153.

［5］王之中.浑河流域抚顺段水质评价及污染趋势研究［J］.水资源开发与管理,2018（09）:44-49.

［6］廖雅君,徐鹏,赵晨旭,等.西江中游1973—2013年水质变化趋势及影响因素分析［J］.环境科学与技术,2017,40（5）:145-152.

［7］赵颖,邢昱,孔海燕,等.基于GIS的流域水环境水质时空演变特征及其综合评价［J］.中国资源综合利用,2018,2（36）:194-196.

［8］李艳红,葛刚,胡春华,等.基于聚类分析和因子分析的鄱阳湖流域水质时空变化特征及污染源分析［J］.南昌大学学报（理科版）,2016（404）:360-365.

［9］杨帆.甘肃省地表水水质调查与趋势研究［D］.兰州:兰州大学,2017.

［10］廖建波.流域复合环境系统中重金属的归趋于综合风险评价——以江北为例［D］.广州:华南理工大学,2016.

［11］张莹.基于主成分分析——BP神经网络法的松花江哈尔滨段水质评价研究［D］.哈尔滨:哈尔滨师范大学,2015.

［12］袁文杰.水质水量干洗分析与综合管理——以淮河流域为例［D］.太原:山西大学,2012.

［13］郭田田.流域尺度水质时空变异特征及污染源解析研究［D］.杭州:浙江大学,2017.

［14］刘争.松花江流域水质变化趋势研究［D］.北京:中国地质大学,2014.

［15］李凯.瓦埠湖流域水环境评价与水生态健康评估［D］.合肥:合肥工业大学,

2017.

[16]周淼，李维刚，易灵.四种水质评价方法的特点分析与比较研究［J］.环境科学与管理，2016，41（12）：173-177.

[17]刘姜艳.湟水河红古段河道生态系统服务功能价值研究［D］.兰州：兰州大学，2020.